Dieter Schürer

Ertragreich Imkern

mit der PRESSING-Methode

Leopold Stocker Verlag
Graz – Stuttgart

Umschlaggestaltung: Reproteam, Graz
Umschlagfoto: Dieter Schürer, Frauenfeld
Fotos im Textteil: So nicht anders angegeben, dankenswerterweise vom Autor des Buches beigestellt.

Bibliografische Information Der Deutschen Bibliothek
Die Deutsche Bibliothek verzeichnet diese Publikation in der Deutschen Nationalbibliografie; detaillierte bibliografische Daten sind im Internet über http://dnb.ddb.de abrufbar.

Der Inhalt dieses Buches wurde vom Autor und vom Verlag nach bestem Wissen überprüft; eine Garantie kann jedoch nicht übernommen werden. Die juristische Haftung ist daher ausgeschlossen.

Hinweis:
Dieses Buch wurde auf chlorfrei gebleichtem Papier gedruckt.
Die zum Schutz vor Verschmutzung verwendete Einschweißfolie ist aus Polyethylen chlor- und schwefelfrei hergestellt. Diese umweltfreundliche Folie verhält sich grundwasserneutral, ist voll recyclingfähig und verbrennt in Müllverbrennungsanlagen völlig ungiftig.

ISBN 3-7020-1123-4
ISBN 978-3-7020-1123-9
Alle Rechte der Verbreitung, auch durch Film, Funk und Fernsehen, fotomechanische Wiedergabe, Tonträger jeder Art, auszugsweisen Nachdruck oder Einspeicherung und Rückgewinnung in Datenverarbeitungsanlagen aller Art, sind vorbehalten.
© Copyright by Leopold Stocker Verlag, Graz 2006
Printed in Austria
Layout: Klaudia Aschbacher, A-8111 Judendorf-Straßengel
Gesamtherstellung: Druckerei Theiss GmbH, A-9431 St. Stefan

Inhalt

Vorwort 11

Die Pressing-Methode 13

    Die zugrunde liegende Idee 13

    Volle Brutzargen werden angestrebt 14

    Günstiges Brutklima schaffen 15

    Gemeinsame Bedienung der Honigzargen 15

    Absperrgitter ist wichtiges Element 15

Betriebsweise Gettich: Die modifizierte quadratische Zanderbeute 17

    Vorteile des quadratischen Magazins 17

    Beschreibung der Teile des Magazins 17

        Was zu einem Magazin gehört 17

        Bock und Teppich 18

        Boden und Flugbrett 19

        Brutzarge 20

        Absperrgitter-Rahmen 21

        Honigzarge 22

        Futterzarge 23

        Zwischenboden-Zarge 24

        Oberer Abschluss und Dach 25

    Waben 26

        Brutwabe 26

        Honigwabe 30

        Isolationswabe 31

Der „Bananen-Ablegerkasten" 33
Zur Wichtigkeit der Ableger 33
Bock und Teppich 33
Das „Bananen-Magazin" 33

Betriebsweise im Verlauf des Jahres 36
Entwicklung der Völker im Frühjahr 36
Winterruhe einhalten 36
Keine Reizfütterung 36
Auswinterung und Umquartieren 36
Die Frühjahrstracht 39
Umquartieren der Doppelvölker 40
Wenn eine Blütentracht zu erwarten ist 40
Honigzargen aufsetzen 41
Ernte des Blütenhonigs 42
Großer Vorrat an Honigzargen 42
Entfernen der Honigzargen 43
Zargenkamin im Schleuderraum 43
Entdeckeln der Honigwaben 43
Schleudern und Sieben des Honigs 44
Rühren des Honigs 45
Rückführung der Honigwaben 45
Schwarmverhinderungsmaßnahmen 45
Grundsätzliches 45
Flügelstutzen der Königinnen 46
Kontrolle auf Weiselzellen 47
Austausch mit Ableger 47
Ablegerbildung 49
Wichtiges Element der Methode 49
Bilden des Ablegers 49
Begattungsflug 50

INHALT

    Zeichnung und Flügelstutzen 50
    Wartestellung des Ablegers 52

Trennung nach Sonnenwende 52
    Volk zieht sich zusammen 52
    Vorgang der Trennung 52
    Weitere Pflege der getrennten Völker 53

Vor der Waldtracht 54
    Die Waldtracht als Ergänzung 54

Vorbereitung der Winterruhe 54
    Allgemeines 54
    Überwinterung auf der Brutzarge 55
    Einengen des Wintersitzes 55
    Auffütterung 55
    Kälte und Feuchtigkeit 58
    Lagerung der Zargen 59
    Skandinavisch Einwintern 59

ZUCHTAUSLESE DER KÖNIGINNEN 61

Allgemeines 61

Viele Ableger zur Auswahl 61

Notizen als Basis 62
    Formen der Informationshaltung 62
    Zweck der Notizen 62
    Inhalt der Notizen 63

Auswahlkriterien 64
    Ausbau von kleinen Zellen 64
    Hygieneverhalten 65
    Ausnutzung der gesamten Brutfläche 67
    Ruhige und sanftmütige Völker 67
    Rasche Entwicklung im Frühling 68
    Frühe Bruteinstellung 68

Schwärme ... 69

Schwärme sollten verhindert werden ... 69
- Gründe für das Schwärmen ... 69
- Technik der Schwarmverhinderung ... 70

Schwarmarten ... 71
- Vorschwarm ... 71
- Nachschwarm ... 71
- Singerschwarm ... 71
- Hungerschwarm ... 72

Einfangen des Schwarmes ... 72
- Praktische Hilfsmittel ... 72
- Fangtechnik ... 76
- Wichtige Punkte zur Beachtung ... 79

Hygiene durch 3 Tage Isolation ... 80

Schwarm einquartieren ... 80
- Einlaufenlassen des Schwarms ... 81
- Füttern oder nicht? ... 81
- Mittelwände oder ausgebaute Waben ... 81

Kleine Brutzellen ... 83

Brutzellen- und Bienengröße ... 83

Geschichte der Brutzellengröße ... 83

Zellarithmetik ... 85
- Zellen pro Quadratdezimeter ... 85
- Zellen pro Brutwabe ... 86

Vorteile der kleineren Brutzellen ... 87

Unterschied Brut- zu Honigzelle ... 88
- Allgemeines ... 88
- Vorteil des Pressing-Systems von Gettich ... 88

Wechsel auf die kleinen Brutzellen ... 89

Generelles 89
    Vorteilhafter Zeitpunkt 89
    Ein oder zwei Schritte? 90
    Praktisches Vorgehen nach Lusby 90

  Kleine Brutzelle und Bienenrassen 95

Die Elgon-Biene – Zucht einer varroa-toleranten Kleinzellen-Biene 97

  Grund für die Elgon-Züchtung 97

  Geschichte der Elgon-Biene 98

  Die heutige Elgon-Biene von Erik Österlund 99

  Soll der Imker die Elgon-Biene einsetzen? 101

Der eigene Wachskreislauf 103

  Grundsätzliche Überlegungen 103
    Belastetes Wachs = belasteter Honig 103
    Ausweg ist eigener Wachskreislauf 104

  Ausschmelzen der Waben 104

  Klären, Reinigen und Sterilisieren des Wachses 104

  Giessen der Mittelwände 105
    Gussformen 105
    Wabenprägemaschinen 105

Position und Lage der Waben 108

  Untersuchungen von Michael Housel 108
    Das Y auf der Zellbasis 108
    Die Zentrumswabe 108
    Wabenseiten in Richtung Zentrum 109
    Nach außen gerichtete Wabenseiten 109

Folgerungen für die Praxis	110
Erfahrungen der Lusbys	110
Erkennen der Seiten	110
Ordnen des Bienenvolkes	111
Zellengröße in Abhängigkeit der Distanz vom Zentrum	112
Positive Wirkungen der richtigen Wabenlage	113

WANDERUNG ... 115

Zweck der Wanderung	115
Vorbereitung der Wanderung	115
Der Transport	116
Aufstellen am neuen Ort	116

BEKÄMPFUNG DER VARROA-MILBE ... 117

Einfache ergänzende Mittel	117
Bienen vor der Flugfront beobachten	117
Gitterboden	117
Varroa-Falle	119
Behandlungsmethoden	119
Kleine Brutzellen	119
Puderzucker verstäuben	120
Ätherische Öle	124
Zerstäubung von Vaseline Öl	127
Entfernung von Drohnenbrut	130
Ameisensäure und Oxalsäure	130

KLEINER BEUTENKÄFER ... 132

Gefahr des Schädlings	132
Verbreitung des Käfers	133

Inhalt

Informationen über den Käfer 134
    Bienenimporte können gefährlich sein 134
    Erkennen des kleinen Beutenkäfers 134

Bevorzugtes Lebensumfeld des Käfers 137
    Klima 137
    Bodenbeschaffenheit 137

Massnahmen gegen den Käfer 137
    Starke Bienenvölker 137
    Kein offenes Wabenmaterial 138

Fallen 139
    Prinzip der Fallen 139
    Varroa-Falle von Gettich hilft auch hier 139

Stichwortverzeichnis 140

*Gerda gewidmet,
die viele Stunden,
die sie mit ihrem Gatten hätte verbringen können,
den Bienen abtreten musste*

Vorwort

Anlässlich eines Imkerbesuches des Vereins Hinterthurgauer Bienenfreunde beim Baienfurter Imker Emanuel Gettich lernte ich dessen Betriebsweise mit quadratischen Zandermagazinen kennen. Er selbst bezeichnet sie als „Pressing-Methode". Pressing deshalb, weil er den Brutbereich des Bienenvolkes eng zusammenpresst und dort ein sehr dichtes und über die gesamte Wabe sich erstreckendes Brutnest erzwingt. Dieser Brutbereich wird streng vom Honigbereich durch den Einsatz von Absperrgittern abgegrenzt.

Gettich ließ sich bei der Entwicklung dieser Betriebsweise auch von den Erkenntnissen von Pater Dugat inspirieren, der in den 1950er Jahren die „Wolkenkratzer-Beute" vorstellte. Von dort wurde übernommen, mehrere Völker mit eigenen Königinnen in der Vertikale zusammenzustellen, damit diese sich gegenseitig helfen, eine gute Brutumgebung und -temperatur zu erreichen. Die Betriebsweise von Emanuel Gettich und deren Erfolg haben mich begeistert.

Da Emanuel Gettich auch noch viele weitere interessante Beobachtungen rund ums Bienenvolk gesammelt hat, habe ich mich entschlossen, mehr Informationen von ihm zu erfragen und diese schriftlich zusammenzutragen. Es wäre ein großer Verlust, wenn dieses tiefe Wissen, das in einem langen Leben mit und um die Bienen zusammengetragen wurde, verloren ginge. Dies bildet den Grundstock vorliegenden Buches.

Ausgehend davon suchte ich vertiefte Informationen über die Betriebsweise mit kleinen Brutzellen und die ganz in diesem Sinne gezüchtete Elgon-Biene zu gewinnen. Diesbezügliche Theorien und Praktiken fand ich im Internet bei Dee Lusby und anderen und bei einem persönlichen Besuch in Schweden bei Erik Österlund. Teile dieses Buches, die von diesen Kontakten profitierten, betreffen hauptsächlich die Regression von großen zu kleinen Brutzellen, die Zucht von Königinnen, wie deren Hygieneverhalten verbessert wird, die Erkenntnisse zur lagerichtigen Positionierung der Waben, die Beschreibung der Elgon-Biene von Erik Österlund, die Bekämpfung der Varroa-Milbe mit ungiftigen Methoden und den Kleinen Beutenkäfer. Damit soll dieses Buch mit seinen neuen Ideen auch dem „alten" Hasen unter den Imkern zum Studium empfohlen werden.

Ein herzlicher Dank gilt den verschiedenen „Lieferanten" der Informationen, allen voran Emanuel Gettich, der sich die Zeit genommen hat, meine vielen Fragen ausführlich zu beantworten, und auch nicht mit „geheimen" Tipps und Tricks zurückgehalten hat. Auch die wertvollen Tipps, die ich von Dee Lusby und Erik Österlund erhielt und die ich bei vertiefenden Abklärungen per E-Mail und Imker-Chat-Forum im Internet von diversen Imkern gewinnen konnte, sollen nicht unerwähnt bleiben. Meinem Imkervater Guido Schöb gehört ein herzlicher Dank, da er mir nicht nur die Imkerei näher gebracht, sondern mich auch immer wieder ermuntert hat, die von alters hergebrachten Betriebsweisen wohl zu schätzen, aber gleichzeitig auch zu hinterfragen und neue Erkenntnisse zu suchen und anzuwenden.

Frauenfeld, September 2005   *Dieter Schürer, lic. iur.*

Emanuel Gettich und der Autor Dieter Schürer anläßlich eines Besuches 2004 in Baienfurt

Die Pressing-Methode

Die zugrunde liegende Idee

Die von Emanuel Gettich entwickelte und verfeinerte Pressing-Methode basiert auf der Idee, dass auch mit schwachen Völkern ein ertragreiches Imkern möglich ist. Jeder Imker hat im Frühjahr schwache und hoffentlich auch ein paar starke Völker. Verschiedenste Einflüsse im Herbst und während des Winters wirken auf die Völker individuell ein. Ein Volk kann durch die Varroa-Milbe geschwächt werden, das andere infolge Ruhr oder einer sonstigen Erkrankung bzw. widrigen Entwicklung. Ohne Pressing-Methode müssen solche Völker entweder aufgelöst werden oder der Imker versucht – meist vergeblich – diese Völker doch noch zu entwickeln.

Statt die Völker aufzulösen oder zu vereinigen, geht Gettich einen anderen Weg. Er gibt jedem Volk dennoch eine Chance, erreicht aber durch das gemeinsame Quartier und das enge Zusammenwirken von starken und schwachen Völkern, dass alle eine gute Entwicklungsmöglichkeit erhalten. Nicht immer ist es eine schwache Königin, die schuld an der schwachen Verfassung des Volkes nach dem Winter ist; warum soll also diese wertvolle Bienenkönigin geopfert werden, weil zwei Völker vereinigt werden? Besser wäre es, wenn die Umstände so verändert werden, dass sich diese Völker gegenseitig helfen und so gemeinsam gute – und warme – Brutbedingungen geschaffen werden können, damit die Völker wieder erstarken können. Sie werden es uns lohnen, indem auch der Ertrag stark zunimmt und in der Regel höher als durchschnittlich ist.

Pressing bedeutet aber noch mehr. Das Brutnest wird bewusst und künstlich auf eine Zarge beschränkt gehalten. Mittels eines Absperrgitters wird verhindert, dass sich das Volk nach oben mit Brut erweitert. Dafür wird die Brutzarge etwas größer ausgestaltet, was die Entwicklung der quadratischen Zander-Beute erforderte. Neben der dadurch gewonnenen Vergrößerung der Brutfläche in einer einzelnen Brutzarge wurde auch auf kleinzellige Brutwaben umgestellt, wodurch noch einmal ein Gewinn von rund 20 % an Brutzellen pro Wabe realisiert werden konnte. Da die entsprechenden Rahmen nur 32 mm breit sind (statt der 35 mm) ergibt sich noch einmal eine Erhöhung der gesamten Zellanzahl, da 13 statt 12 Waben in einer Zarge Platz finden. Damit stehen der Königin in einer ausgebauten Brutzarge mit 13 Waben maximal rund 95.000 Zellen für die Eiablage zur Verfügung, was, wie noch dargelegt wird, auch für eine gut legende Königin ausreichend sein sollte.

Nur Bienen, die nicht mit der Brutpflege beschäftigt sind, können auf ertragreichen Sammelflug gehen und dem Imker seinen Lohn bringen. Ein großes Brutnest, das über mehr als eine einzelne Zarge ausgedehnt ist, bedeutet, dass viel mehr Bienen mit der Brutpflege absorbiert werden und dementsprechend weniger Bienen für das Sammeln des Honigs zur Verfügung stehen. Man hat dann zwar ein schönes, großes Volk, doch kein ertragreiches. Das Pressing verhindert diese Ausdehnung und wird immer viel mehr Bienen für den Sammelflug bereithalten.

Besonders deutlich ist dies natürlich bei den in Partnerschaft (was dies ist, wird weiter unten erläutert) lebenden Völkern. Hier hilft ein Volk dem anderen, die Bruttemperatur zu erreichen und zu halten. Die besseren Brutbedingungen führen dazu, dass jede einzelne Königin mehr Eier legen kann und das Brutnest wirklich auf den ganzen Brutraum ausdehnt. Viel mehr Bienen werden schlüpfen. Gleichzeitig sind anteilsmäßig weniger Bienen nötig, um die Bruttemperatur zu halten, und es kann sich ein größerer Anteil des Volkes auf die Vorratsbeschaffung konzentrieren. Da die Brutwabe von der Königin besetzt wird, muss der Vorrat in die oben liegenden Honigrahmen abgelagert werden – der Ertrag für den Imker steigt überproportional an.

Zudem wird auf einer einzelnen Brutzarge, die über den Winter genommen wird, nicht soviel Winterfutter vorhanden sein, wie dies auf zwei Brutzargen der Fall ist. Dieses wenige Winterfutter wird mit großer Sicherheit vom Volk im frühen Frühjahr konsumiert werden. Wenn nötig, wird im Frühling, falls Futternot droht, eine Honigzarge mit Honigertrag des Vorjahres aufgesetzt. Im Gegensatz dazu steht die Methode mit der Überwinterung auf zwei Brutzargen. Hier werden viel mehr Futterwaben an den Rändern auch im späten Frühling noch vorhanden sein. Sobald sich das Brutnest ausdehnt, wird dieses Winterfutter nach oben umgelagert. Die Gefahr ist dabei groß, dass es sich schließlich mit dem neuen Trachthonig vermischt.

Durch den Einsatz der Isolierwabe geht Gettich noch einen Schritt weiter. Winterfutter, das nicht mehr unmittelbar benötigt wird, kommt etwas weiter vom Volk weg, indem die Isolierwabe dazwischen gehängt wird. Im Notfall wird das Volk auch diese Futterwabe finden und nutzen. Wenn jedoch keine Not vorhanden ist, dann wird diese Futterwabe nicht mehr verbraucht. Sie kann bei Beginn der Tracht aus dem Volk entfernt werden, womit kein Zuckerhonig in den zu erntenden Honig gelangt.

Volle Brutzargen werden angestrebt

Da nur eine einzelne Brutzarge für ein starkes Volk oder für zwei schwächere Völker vorhanden ist, d. h. das Volk die Brut nur auf maximal 12 Brutwaben ausdehnen kann, wird darauf geachtet, dass die Königin auch wirklich diesen Raum voll ausnutzt. Es ist ein Qualitätsmerkmal, wenn die Königin die Brutwaben bis in die äußersten Ecken mit Brut belegt. Die Isolationswaben dienen dazu, dass auch die Randwaben immer genügend Wärme aufweisen. „Hüngler-Königinnen", die früher und auch heute noch bei vielen Imkern beliebt sind, sind im Pressing-System nicht erwünscht. Die Auswahl der Königin geschieht daher teilweise direkt aufgrund der Größe des Brutnestes, je größer und vollständiger, desto besser.

Günstiges Brutklima schaffen

Die Pressing-Methode schafft durch die hohe Dichte der Brutzellen und das Übereinanderstellen von mehreren Völkern auch ein besseres und wärmeres Brutklima. Die Flächen der Brutwaben liegen eng zusammen, damit weniger Bienen mehr Brut bedienen können. Die Wärme bleibt so auch eher zusammen, so dass die Brut auch schon im Frühling gut versorgt werden kann, wenn die Witterung hin und wieder noch kältere Tage beschert.

Noch verstärkt wird dieser Effekt durch den Einsatz von kleinzelligen Brutwaben, die nur 4,9 mm Zelldurchmesser haben, statt der bisher üblichen 5,5 mm. Dadurch sind noch mehr Brutzellen auf gleicher Fläche, und nach dem Schlüpfen sind auf der gleichen Fläche viel mehr Bienen beisammen, die einander und der Brut Wärme spenden können. Über die Vorteile der Betriebsweise mit kleinen Zellen sei auf das separate Kapitel verwiesen.

Gemeinsame Bedienung der Honigzargen

Aufgrund der Pressing-Methode, bei der oft zwei oder drei Völker zusammen in einem Magazin leben, bleiben viel mehr Bienen für die Sammeltätigkeit frei. Diese Bienen haben nur gemeinsame Honigzargen aufgesetzt und werden daher auch gemeinsam diese Zargen füllen. Sie können und werden sich so auch gegenseitig zur Sammeltätigkeit anregen und Informationen über Trachtgebiete austauschen. Aufgrund der vermuteten unterschiedlichen Trachtbevorzugung von verschiedenen Völkern wird auch der Honig profitieren, indem er wohl von mehr Pflanzen Bestandteile enthalten wird. Völker, die alleine zu schwach wären, auch nur wenig Honigüberschuss zu produzieren, werden durch die Pressing-Methode einen erheblichen Anteil am Sammelergebnis liefern können.

Die guten Erfahrungen mit dieser Betriebsweise zeigen auch, dass sich die Arbeiterinnen aus verschiedenen Völkern, die im selben Magazin hausen, durchaus gut vertragen und es zu keinen Problemen untereinander kommt. Ähnliche Erfahrungen sind von der Betriebsweise mit dem Trio-Magazin bekannt.

Absperrgitter ist wichtiges Element

Die Pressing-Methode geht davon aus, dass eine klare und dauernde Trennung zwischen Brut- und Honigraum gemacht wird. Nur die Arbeiterinnen sollen sich im Honigraum aufhalten können. Zu diesem Zweck ist das Absperrgitter, das in einen geeigneten Rahmen für das System eingelassen ist, sehr wichtig und zentral für die Methode. Auch für die Abtrennung der in derselben Beute zusammenlebenden zwei bis drei Völker sind diese Absperrgitter unentbehrlich. Der Imker wird daher gut daran tun, eine ausreichende Auswahl dieser besonderen Rahmen bereitzuhalten.

Stehen mehrere Völker übereinander, so hat jedes sein Flugloch. Der Boden der Beute ist daher so konstruiert, dass er auch als Zwischenboden verwendet werden kann, wobei dann anstelle des Lochbleches ein Absperrgitter hineingelegt wird, um die Durchlässigkeit für die Arbeiterinnen zu garantieren.

Betriebsweise Gettich: Die modifizierte quadratische Zanderbeute

Vorteile des quadratischen Magazins

Nach vielen anderen Beuten hat Emanuel Gettich die quadratische Zanderbeute entworfen und eingesetzt. Er baut dabei die Beuten alle selbst, inklusive der Brut- und Honigrahmen. Diese gegenüber den rechteckigen Zargen etwas vergrößerte Version erlaubt, mehr Brutwaben in die Zarge zu stellen. Dies ist für seine „Pressing-Methode" auch sehr wichtig, denn bei ihm gibt es pro Volk nur eine einzige Brutzarge.

Ein weiterer Vorteil der quadratischen Bauweise liegt in der Möglichkeit, dass die Zargen jeweils verschränkt, also um 90° gegeneinander gedreht, aufeinander gestellt werden können und trotzdem eine geschlossene Beute vorhanden bleibt. Dies wird in seiner Methode auch konsequent angewendet, da damit einerseits die Aufstiegsmöglichkeiten durch die Absperrgitter und die diversen Honigaufsätze besser gewährleistet sind sowie andererseits durch die entstehenden kleinen kaminartigen Aufgänge auch die Luftzirkulation intensiviert und damit das Klima im Bienenvolk verbessert wird.

Beschreibung der Teile des Magazins

Was zu einem Magazin gehört

Zu einem quadratischen Gettich-Magazin gehört ein kleiner Bock, auf den die Beute gestellt wird, ein Boden, der die Möglichkeit der Varroa-Kontrolle bietet, die Brutzarge und mindestens 5 halbhohe Honigzargen, die je nach Tracht eine nach der anderen aufgesetzt werden. Oben wird das Ganze mit einem durchsichtigen Plastik zugedeckt, darauf eine ca. 3 bis 5 cm hohe Styroporplatte gelegt. Ein regensicheres Dach bildet schließlich den Abschluss der Beute. Zwischen Bock und Boden wird noch ein Teppich befestigt, der es den Bienen erlaubt, bequem in den Stock zu gelangen, wenn sie mit schwerer Tracht nach Hause zurückkehren. Der Teppich ist aber auch wichtig für die Königin, sollte sie einmal wegen Schwarmstimmung aus dem Stock fliehen. Gettich stutzt nämlich deren Flügel, damit sie nicht mehr flugtauglich sind. Sie wird also in der Regel bereits wieder auf dem Teppich landen und kann dann zurück in ihr Volk wandern.

In der Folge wird dieses Beutensystem im Detail erklärt und auch Pläne für dessen Bau offeriert. Es sei jedoch hier erwähnt, dass die Pläne nicht genau den Beuten von

Emanuel Gettich entsprechen, sondern so angepasst wurden, dass die heute üblichen Zanderrahmen mit den längeren „Ohren" Platz finden. Daher finden auch 12 bis 13 Brut- oder 12 Honigwaben statt der 10 in einer Zarge Platz. Es ist zudem ein etwas aufwändigeres Design, da zusätzlich, ebenfalls wegen der langen Ohren, eine Isolationsplatte eingeplant wurde. Es bleibt dem Leser aber freigestellt, dieses Design zu übernehmen oder es an seine eigenen Möglichkeiten anzupassen.

Bock und Teppich

Die Beute soll auf einem kleinen Böcklein aufgestellt werden. Das können auch zwei knapp über den Boden gelegte Balken sein. Sehr gut eignet sich auch die Euro-Palette, die bei vielen Transportfirmen allenfalls unentgeltlich bezogen werden kann, sofern man kleine Defekte in Kauf nimmt. Darauf wird der Zargenboden gestellt. Das Flugbrett sollte kaum mehr als 20 cm über dem gewachsenen Boden sein. Am Flugbrett wird ein Teppich (irgendein alter Teppich, eine alte Plache oder ein altes Tuch) angeheftet. Er sollte ca. 1 m lang sein und vor dem Magazin auf dem Boden liegen. Zweck dieses Teppichs ist es, den Bienen eine bessere Möglichkeit zu schaffen, wieder in den Bienenstock zu gelangen, wenn sie müde vom Trachtflug zurückkehren. Ein anderer

Der Teppich vor dem Flugloch hilft der Königin und den Sammelbienen zurück ins Volk.

wichtiger Zweck ist, der Königin die gleiche Rückkehr zu ermöglichen, wenn sie wegen der gestutzten Flügel kurz nach dem Ausflug (Schwarm) vor der Beute abstürzt.

Manchmal kommen die Königinnen auch ohne Schwarmstimmung aus der Beute, auch dann ist der Teppich wertvoll, damit sie zurückwandern können.

Boden und Flugbrett

Als unterster Teil der Beute ist der Boden aufgestellt. Er ist als Hochboden ausgebildet mit einer Varroa-Falle, d. h. einem Metallgitter mit 2 bis 3 mm Lochgröße und einer darunter liegenden Schale. Die Varroa-Milben fallen durch die Löcher und sind in der Schale gefangen. Es ist wissenschaftlich belegt, dass diese Gitterboden die Entwicklung der Varroa-Milbe deutlich verlangsamen und damit ein Mosaiksteinchen zur natürlichen Bekämpfung der Varroa darstellen. Auch für die Wanderung sind die Gitterboden sehr wertvoll. Als Gitterboden eignen sich Aluminium-Lochbleche mit einem Lochdurchmesser von 3 mm vorzüglich. Man kann diese bei Metallhändlern als Platten von 1 m Breite und 2 m Länge recht günstig kaufen.

Wird der Boden als Zwischenboden eingesetzt, so verwendet man anstelle des Gitterbodens ein Absperrgitter. Damit kann die Herstellung von besonderen Zwischenböden umgangen werden.

Das Flugbrett im Plan ist 60 mm lang – es kann aber auch von geringerer Länge sein, um Nässe- und Schneeansammlungen zu vermindern. Vorteilhaft ist es, wenn es leicht nach außen abfällt, wodurch der Regen abfließen kann und nicht auf dem Brett stehen bleibt oder sogar in die Beute gelangt.

Eine herausnehmbare Leiste mit 27 mm x 27 mm quadratischem Querschnitt dient als Flugloch. Auf einer Seite ist sie mit einem 7 mm hohen Ausschnitt – dem Flugloch – versehen. Sie kann verschieden eingesetzt werden:

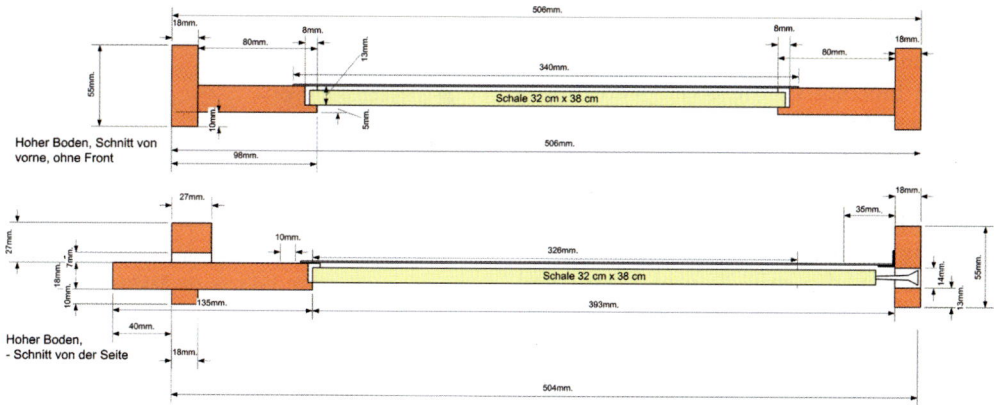

- Flugloch unten. Das ist die normale Stellung, damit die Bienen auf das Flugbrett gelangen. Die max. 7 mm hohe Öffnung verhindert das Eindringen von Mäusen.
- Flugloch oben: Im Winter wird die Leiste umgedreht und das Flugloch nach oben gewendet. Nun kann ein erheblicher Bienentotenfall erfolgen, ohne dass das Flugloch verstopft wird und ohne dass der Imker dieses immer wieder freikehren muss, was das Volk nur stört.

BETRIEBSWEISE GETTICH: DIE MODIFIZIERTE QUADRATISCHE ZANDERBEUTE

Um den Winterbienen den Aufstieg zum Brutnest zu erleichtern, kann direkt hinter die Leiste noch ein kleines Stück Isolationsmaterial mit 20 mm Dicke gelegt werden.
- Flugloch nach hinten: In dieser Stellung kann die Beute verschlossen werden, denn nun ist das ganze Flugloch durch die Leiste verstopft.

Brutzarge

Die Brutzarge ist quadratisch, mit je 472 mm Innenseitenlänge. In ihr finden 12 Brutwaben mit 35 mm, bzw. 13 mit 32 mm Dicke Platz. Dazu kommen 2 Isolationsrahmen mit 20 mm Dicke. Letztere werden jeweils direkt an das Brutnest geschoben und damit kann die Größe des Brutnestes geregelt werden. Die Isolationswabe wird von den Bienen sehr geschätzt, da das Nest auf diese Weise gut gegen Kälte geschützt ist. Die Königin wird den Brutbereich so viel eher bis in die letzte Randwabe ausdehnen.

In der Mitte zweier gegenüberliegender Seiten ist eine Kerbe eingefräst, damit ein 16-mm-Trennschied eingeschoben werden kann. Dieses ist für die Pressing-Methode, wo während der Frühjahrs- und Sommerperiode bis zur Sonnenwende oft zwei schwächere Völker vereint einlogiert werden, sehr wichtig.

Wegen der Zanderwaben-Maße und der vom Autor vorgenommenen Wahl für 18 mm Holzstärke muss der leere Raum zwischen Zargenwand und Wabenschenkel gefüllt werden, damit die Bienen hier keinen Wildbau beginnen. Dieser Leerraum wird daher dazu verwendet, auf die Stirn- und Rückseite noch eine Isolation einzubauen, die mit 20 mm Dicke viel Schutz bewirkt. Die Wahl von 18-mm-

Geteilte Brutzarge zur Aufnahme von zwei schwachen Völkern im Frühjahr

Holz führt dazu, dass die Zarge bedeutend leichter ist, als dies ohne Isolationsmaterial und dafür mit dickerem Holz der Fall wäre. Durch die Isolierung, die sowohl im Brut- wie auch im Honigraum verwendet wird, entspricht die Beute auch der Anforderung, die Professor Zander selbst forderte, nämlich beste Isolierung im Sommer und Winter.

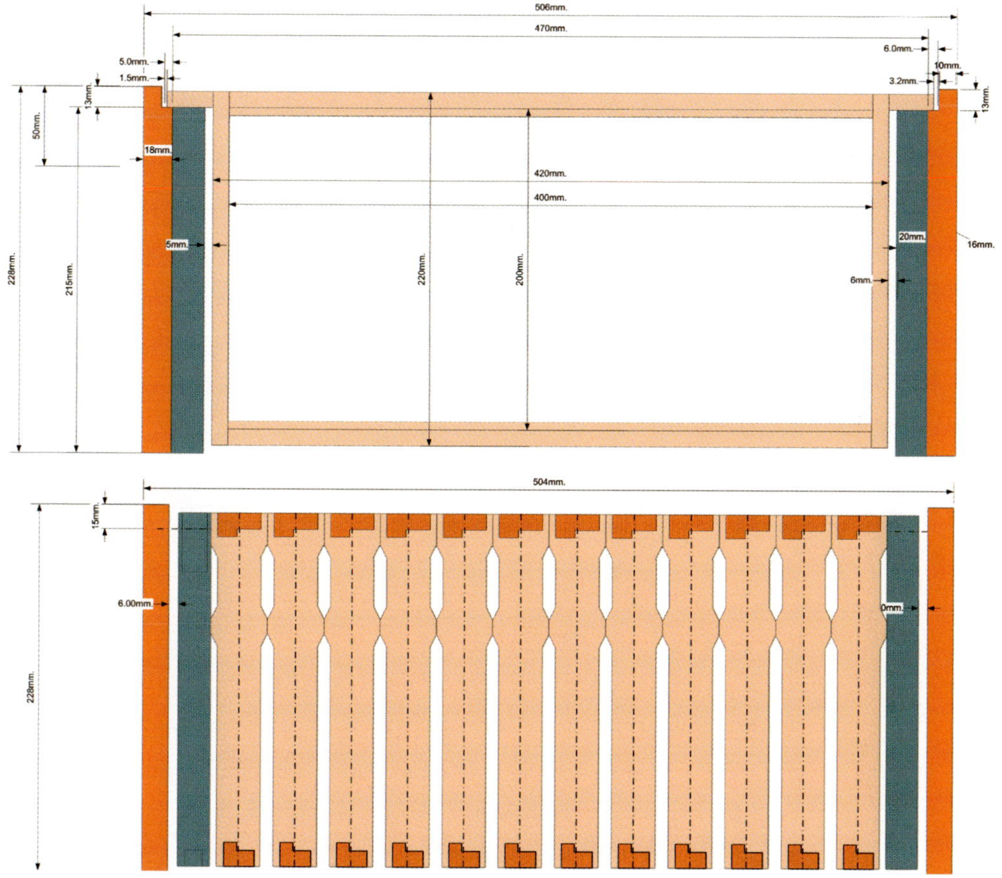

Betriebsweise Gettich: Die modifizierte quadratische Zanderbeute

Plan der quadratischen Brutraum-Zarge mit Platz für 12 Brutrahmen und zwei Isolationswaben, blau dargestellt. Auch an der Längsseite ist eine 20 mm dicke Isolationsplatte angebracht. Damit wird das ganze Brutnest von einer Isolationsschicht umgeben. Als Material hat sich Styrodur bewährt.

Absperrgitter-Rahmen

Über die Brutzarge wird ein Absperrgitter, das in einen Rahmen eingelassen ist, gelegt. Damit wird verhindert, dass die Königin das Brutnest in den Honigwaben vergrößert. Auch dieser Rahmen hat eine Mitteltrennung, die bei Verwendung des Trennschieds in der Brutzarge die beiden Völker wirksam auch nach oben trennt.

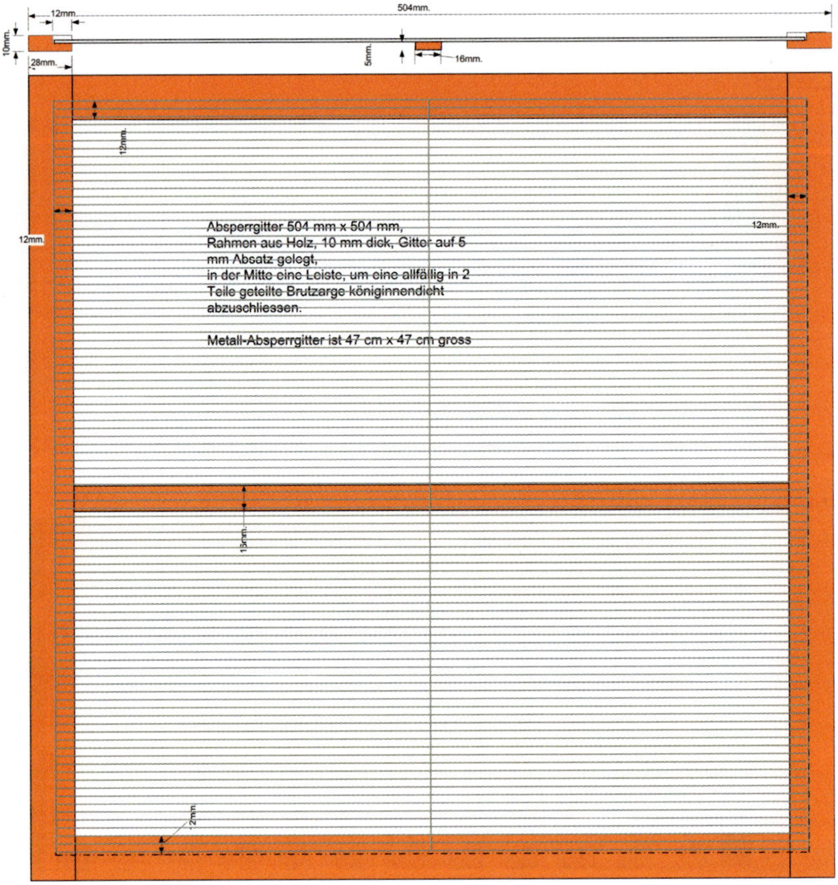

BETRIEBSWEISE GETTICH: DIE MODIFIZIERTE QUADRATISCHE ZANDERBEUTE

Plan des Rahmens für das Absperrgitter. In der Mitte befindet sich eine Leiste, die bei einem zweigeteilten Kasten sicherstellt, dass die beiden Königinnen getrennt bleiben.

Honigzarge

Die Honigzarge ist als Halbzarge ausgebildet. Die Wabenrahmen sind also genau halb so hoch wie die Brutwaben, d. h. 11 cm. Da eine einzelne Honigwabe ca. 1 kg Honig fassen kann, wiegt die Honigzarge auch so noch rund 15 kg. Dies ist gerade im Hinblick auf das Alter bzw. die immer häufiger auftretenden Rückenprobleme immer noch mehr als genug. Dieser Gewichtsproblematik ist besondere Beachtung zu schenken, zumal im System Gettich durchaus einmal 7 oder 8 Honigzargen auf der Brutzarge liegen können, d. h. die oberste Zarge liegt auf einer Höhe von ca. 120 cm über dem Boden

Betriebsweise Gettich: Die modifizierte quadratische Zanderbeute

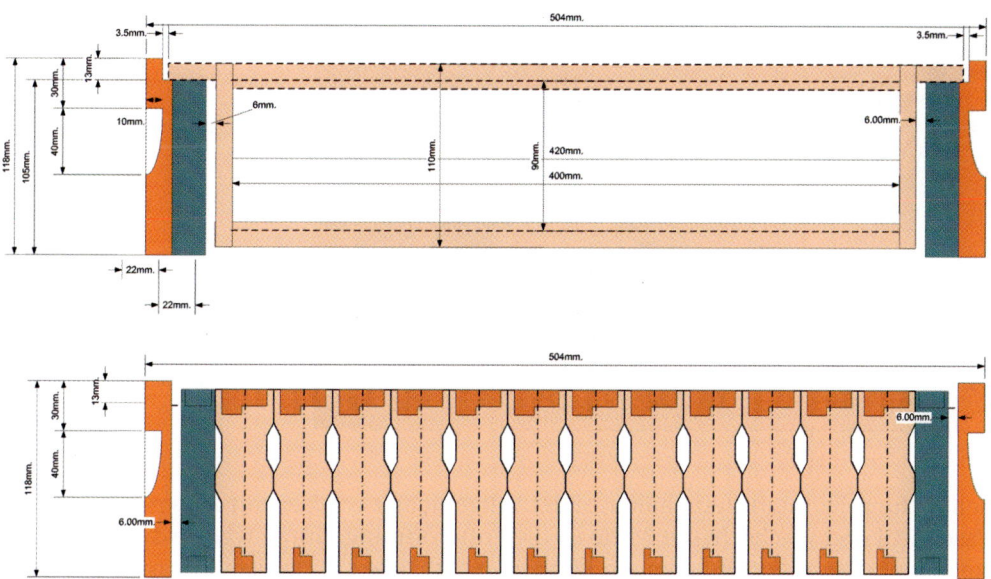

Plan der Honigzargen, die als Halbrahmen ausgebildet sind. Auf allen Seiten sind Griffe eingefräst, so dass die Zargen ohne weiteres jeweils um 90° gedreht werden können.

(15 cm Boden + 22 cm Brutraum + 2 cm Absperrgitter + 8 x 11 cm Honigzargen) und es braucht noch mehr Kraft, diese für die Ernte vom Stapel zu nehmen. Auch diese Zarge ist selbstverständlich quadratisch, mit den gleichen Außenmaßen wie die Brutzarge.

Futterzarge

Besondere Futterzarge

Die Futterzarge wird nur zur Auffütterung im Herbst verwendet. Sie ist wie eine Honigraumzarge aufgebaut, hat aber einen Boden, der zusammen mit den Wänden ei-

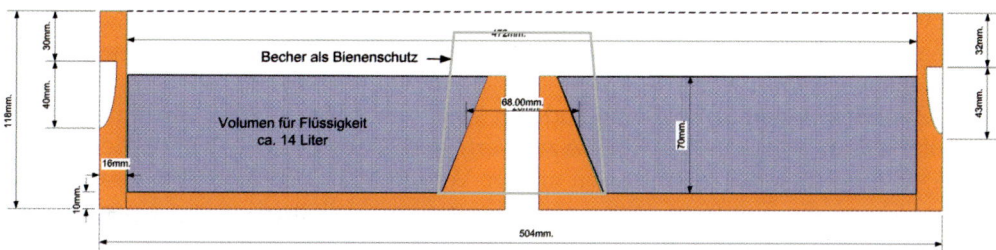

Plan der Futterzarge mit einem Inhalt von ca. 14 Litern

Eine Futterzarge von Emanuel Gettich. Sie fasst ca. 14 Liter Flüssigkeit, womit ein Volk mit ein bis zwei Füllungen fertig gefüttert werden kann.

nen dichten Flüssigfutterbehälter bildet. Abgedichtet wird er mit einem Gemisch aus Vaselineöl und Wachs. In der Mitte ist die Futteröffnung, durch welche die Bienen aufsteigen und zum Futter gelangen können. Über diese „Futterinsel" wird ein Behälter gestülpt, der die Futterzarge bienendicht macht.

Eine einfache Alternative: die Kübelfütterung

Wer keine besonderen Futterzargen anschaffen oder bauen möchte, kann auch mit der einfacheren Alternative, nämlich der Kübelfütterung, arbeiten. Über oder unter der Brutzarge wird eine weitere Brutzarge ohne Rahmen gestellt. In diesen Hohlraum wird ein Kübel mit Bienenfutter gestellt. Wird Flüssigfutter verwendet, dann wird die Oberfläche mit Kork bedeckt, damit die Bienen nicht ertrinken. Emanuel Gettich hat diese Fütterung vielfach verwendet und damit gute Erfahrungen gemacht.

Zwischenboden-Zarge

Der Zwischenboden dient verschiedenen Pflegemaßnahmen, z. B.
- zusammen mit einem Bodenbrett mit Bienenflucht zur Räumung von Honigzargen von Bienen;
- als Zwischenboden unter einem anderen Volk, wenn zwei Völker übereinander gestellt werden, aber separate Räume zur Verfügung haben sollen. Hierzu dienen auch die 4 Fluglöcher, die zu 2 Paaren an der Vorder- und Rückseite angebracht sind. Damit kann die Flugfront sehr einfach beim einen Volk nach vorne, beim anderen nach hinten orientiert werden. Die nicht gebrauchten Öffnungen werden mit Schaumgummi geschlossen.

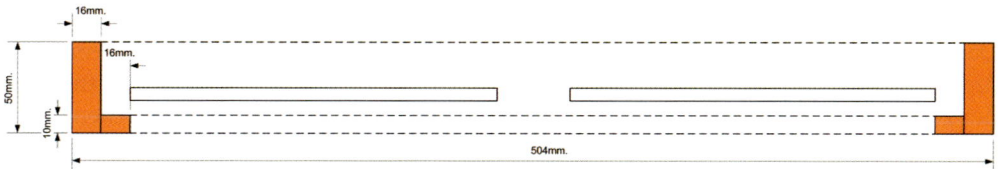

Plan des Zwischenbodens und des Bodenbrettes, wo eine Bienenflucht aufgesetzt werden kann

Ansicht eines Zwischenbodens von Emanuel Gettich, auf dem eine Bienenflucht angebracht ist

Zwischenboden mit Flugloch für das obere Volk

Oberer Abschluss und Dach

Oberer Abschluss

Als oberer Abschluss der Zargen wird zuerst eine durchsichtige Plastikfolie aufgelegt. Durch diese kann das Volk in Ruhe betrachtet werden. Es verliert dadurch bei Kontrollöffnungen auch weniger Wärme, und das Stockklima wird weniger verändert. Hierzu kann normales Bauplastik verwendet werden.

Unter die Folie können einige dünne Äste gelegt werden, damit die Bienen besser unter der Folie zu zirkulieren vermögen und weniger zerdrückt werden, wenn eine Isolationsplatte aufgelegt wird.

Auf die Folie kommt die Isolationsplatte. Dafür kann eine 2 bis 4 cm dicke Styroporplatte verwendet werden oder, besonders im Winter interessant, eine Weichpavatex-Platte, die dem Feuchtigkeitsausgleich wie auch der Isolation dient, sofern die Plastikfolie während der Winterruhe weggelassen wird.

Dach

Das Dach soll einen regensicheren Schutz für die Beute bedeuten. Es muss also einerseits die Isolationsplatte sichern und andererseits das Regenwasser sicher ableiten und von der Beute fern halten. Dafür soll der vom Dach abstehende Abschlusswulst dienen.

Mittels Aluminiumblechen, die allenfalls mit Ziegelsteinen gegen Wind geschützt werden, wird die Beute abgedeckt und vor Regen geschützt.

Als Material für das Dach dient ein dünnes Aluminiumblech. Eine gute und günstige Quelle dafür ist Abfall aus Offsetdruckereien oder auch Wohnwagenblech.

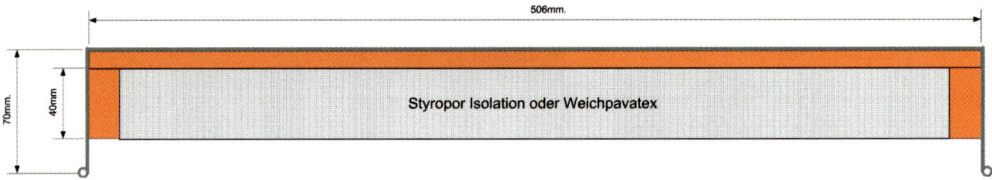

Plan des Beutendaches: Es hat die gleichen Maße für Länge und Breite wie die Zargen und wird einfach auf diese gestellt. Es ist mit einem Aluminiumblech vor Nässe geschützt. Das Blech wird etwas über den Rand hinuntergezogen. Damit wird einerseits das Dach vor dem Verschieben gesichert, andererseits kann zwischen Dach und oberster Zarge auch kein Wasser eintreten.

WABEN

Brutwabe

Rahmentyp

Als Wabentyp wird eine Zanderwabe verwendet. Gettich macht dabei eine Anpassung bei der unteren Leiste. Im Gegensatz zu vielen käuflich erwerbbaren Zanderrahmen ist

BETRIEBSWEISE GETTICH: DIE MODIFIZIERTE QUADRATISCHE ZANDERBEUTE

diese nur 11 mm breit (üblich sind 19 mm). Gettich macht darauf aufmerksam, dass damit die Kontrolle nach Weiselzellen viel einfacher ist, da man besser in die Waben hineinsehen kann, wenn die Brutzarge abgekippt wird.

Mittelwände werden mit ein wenig Wachs am unteren Rahmenschenkel festgeklebt.

Im Gegensatz zu den handelsüblichen Rahmen, die 35 mm breit sind, sollten die Rahmen für die Betriebsweise mit kleinen Brutzellen eine Breite von nur 32 mm aufweisen, denn die Proportionen der Biene bleiben gleich, d. h. sie wird nicht nur schmaler wegen der kleineren Zellen, sondern auch weniger lang.

Gettich verwendet wie üblich Drähte, die längs eingezogen werden, um die Mittelwände zu stabilisieren. Letztere werden am oberen Rahmenteil mit heißem Wachs angelötet, damit unten ein offener Bereich frei bleibt.

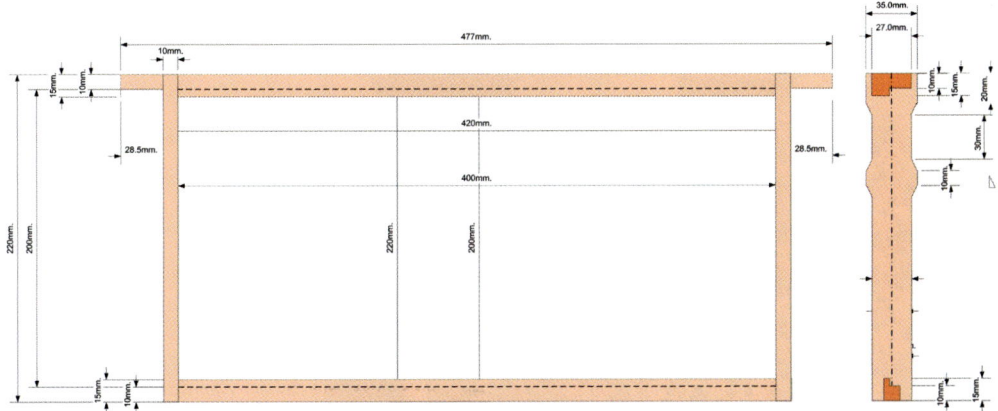

Plan eines Brutrahmens im Zahndermaß. Die Mittelwände werden auf der gefälzten oberen Tragleiste mit Flüssigwachs festgeklebt. Es empfiehlt sich, eine Seite so festzumachen.

Beim Bau der Wabe wird das Wachs oft abgetragen und dünner gemacht, dadurch und wegen der erhöhten Temperatur dehnt sich die Mittelwand nach unten aus. Wenn kein Platz für diese Ausdehnung vorhanden ist, dann wird sie sich wellig verwerfen und der Bau wird nicht mehr regelmäßig. Um dies zu verhindern, verwendet Gettich manchmal auch Wachs aus Wildbau, um die Mittelwand unten in der Mitte an einzelnen Punkten zu befestigen.

Auf dem abgebildeten Plan für diese Wabenrahmen sind die beiden Querleisten gefälzt dargestellt, was auch die Möglichkeit eröffnen soll, die Mittelwände nur anzukleben, statt Drähte zu verwenden. Dies ist aber noch eine Testanordnung.

Ein ebenfalls bei den käuflich zu erwerbenden Rähmchen oft zu beobachtendes Problem sind die weit hinuntergezogenen, verbreiterten Schenkel. Diese Verbreiterungen sind oft Anlass für Verklebungen, wodurch die Rahmen nur noch mit Gewalt gelöst und entfernt werden können. Besser wäre daher eine kürzere Verbreiterung. Die handelsüblichen Rahmen sind zudem auf 35 mm ausgelegt. Möchte man konsequenterweise die kleinen Brutzellen einsetzen, so muss jedes Seitenteil an beiden Seiten je 1,5 mm abgehobelt werden, um den angestrebten Abstand von 32 mm zu erlangen.

Zellgröße

Gettich verwendet die neuen Mittelwände mit nur noch 4,9 mm Zellgröße. Diese gegenüber den üblichen Zellgrößen von 5,5 mm deutlich kleineren Zellen führen dazu, dass die Arbeiterinnen kleiner und, so erklären die Protagonisten dieser neuen Einsicht, auch gesünder werden. Darüber aber in einem späteren Kapitel.

Auf einer Zanderbrutwabe mit 40 cm Breite und 20 cm Höhe finden rund 7.300 kleine Zellen Platz, das sind rund 1.540 mehr als bei den größeren Zellen. Da die quadratische Zarge 13 solcher Brutwaben fassen kann, stehen der Königin theoretisch fast

Eine gut mit Brut belegte Wabe ist wichtig, um das auf eine Zarge beschränkte Volk trotzdem groß und stark werden zu lassen. Bei der Zucht wird auf diese Eigenschaft der Königin Wert gelegt.

95.000 Zellen für die Brut zur Verfügung. In 21 Tagen können daher im Maximum 95.000 Bienen schlüpfen. Da diese ca. 30 Tage leben, kann sich das Volk auf ein theoretisches Maximum von rund 135.000 Bienen entwickeln. Dies ist sicher ein Wert, bei dem man nicht von einer künstlichen Behinderung der Volksgröße durch das Absperren auf eine Brutzarge sprechen kann.

Belegung durch die Bienen

Bei der Pressing-Methode wird angestrebt, dass die Königin die gesamte Fläche der Brutwabe voll für die Brut verwendet. Da die Brut ja nur in einer Brutzarge erlaubt wird, soll der vorhandene Platz möglichst zu 100 % ausgenützt werden. Da die Arbeiterinnen-Bienen zudem kleiner als üblich sind, kann die Brut besser warm gehalten werden.

Einlöten der Mittelwände oder nur ankleben

Drähte sind nötig, damit das Wabenwachs beim Schleudern nicht ausbricht. Da die Brutwaben der Pressing-Methode rein für die Brut verwendet werden und wenn nicht mit Brut, dann nur mit Winterfutter gefüllt sind, werden diese nicht geschleudert. Es stellt sich daher die Frage, ob das Drahten der Brutrahmen noch nötig ist. Gettich meint sehr wohl, denn nur die Drähte verleihen der Mittelwand die nötige Stabilität, damit sie sich nicht wölbt. Erik Österlund in Schweden verwendet dagegen schon seit einigen Jahren 16 cm hohe Flachzargen ohne Drahtung.

Lebensdauer der Brutwaben

Da die Brutwaben bei der Pressing-Methode viel stärker und häufiger bebrütet werden, ist natürlich auch der Alterungsprozess rascher. Die kleinen Brutzellen tragen das ihre zu

Dunkle Waben und solche, die nicht schön ausgebaut sind, werden sofort ausgeschieden und eingeschmolzen.

dieser Situation bei, denn hier machen sich die alten Larvenhäutchen rascher negativ bemerkbar. Gettich rechnet daher nur mit rund 2 Jahren Lebensdauer. Er geht jedoch nicht nach dem Alter, sondern kontrolliert die Brutwaben einzeln. Wenn er kein durchschimmerndes Licht mehr sieht, wird die Wabe eingeschmolzen und durch eine neue ersetzt.

Honigwabe

Benötigte Anzahl

„Man kann nie genügend Honigzargen mit Honigwaben haben", so eine klare Aussage von Gettich. Da sowohl Honigzargen wie auch Honigwaben bei guter Pflege kaum altern, geht es nur darum, einen großen Vorrat anzulegen.

Warum denn diese große Anzahl? Für Gettich ist die Lage klar. Nicht die Tracht und die Bienen sollen bestimmen, wann er zu schleudern hat, sondern er selbst möchte Herr seiner Zeit bleiben. Wenn aber eine gute Tracht eingesammelt wird und der Imker keine Honigzargen mit leeren Honigwaben mehr zur Verfügung hat, dann wird er vor die Wahl gestellt, entweder die Tracht zu verpassen oder den schon gesammelten Honig auszuschleudern. Hat der Imker jedoch genügend Honigzargen, wird einfach eine weitere Zarge oben aufgesetzt und die Bienen werden weiter Honig einbringen.

Rahmentyp

Selbstverständlich ist auch die Honigwabe im Zandermaß gehalten. Es wird eine normal breite, also 35 mm breite Rahmenart verwendet.

Die Honigwabe ist ein Halbrahmen, also genau halb so hoch wie die Brutwabe, d. h. 11 cm. Da die Höhe der Mittelwand hier nur noch 9 cm beträgt, kann auf die Anwendung von Drähten verzichtet werden, das Wachs sollte auch so beim Schleudern nicht herausbrechen.

Im hier abgebildeten Plan sind die Querleisten wiederum mit einem Falz abgebildet, der das Ankleben der Mittelwände erleichtert.

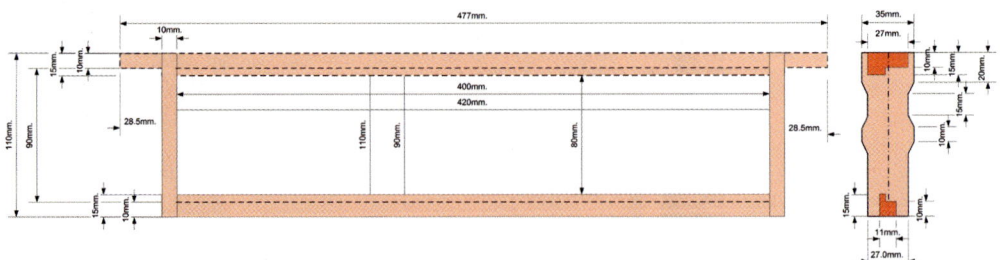

Der Honigrahmen ist als Halbrahmen ausgerichtet und daher genau halb so hoch wie der Brutrahmen. Dank seiner geringen Höhe braucht es keine Drahtung, was die Effizienz der Arbeit deutlich erhöht.

Zellgröße

Bei den Honigwaben wird die übliche Zellgröße von 5,3–5,5 mm verwendet, da diese ja nicht für die Brut verwendet wird. Größere Zellen lassen sich leichter ausschleudern und halten mehr Honig pro Flächeneinheit. Diese Zellen werden auch von Bienen, die aus 4,9-mm-Zellen geschlüpft sind, problemlos ausgebaut. Die Anordnung, dass die Honigzellen größer sind als die Brutzellen der Arbeiterinnen, entspricht sogar noch mehr der Natur. Erst das Bestreben der Imker, für alle Zargen die gleichen Wabenmaße zu verwenden, führte dazu, dass die Mittelwände eine einheitliche Größe erhielten.

Gewicht der vollen Honigwabe

Eine volle Honigwabe mit 11 cm Höhe wird ca. 1 kg Honig enthalten. Eine Zarge mit 12 Waben also 12 kg. Dazu kommt das Eigengewicht von Rahmen und Zargen, so dass eine voll gefüllte Honigzarge ca. 15 bis 20 kg schwer sein kann, je nach Bauart. Schon dies ist ein erhebliches Gewicht, das gehoben werden muss. Würde, was bei vielen Imkern üblich ist, eine volle Zarge oder eine 2/3-Zarge auch für den Honig verwendet, so wäre sie entsprechend ca. 6 kg schwerer, was zu Problemen mit dem Rücken führen kann und besonders für ältere Imker ein erhebliches Problem aufwirft.

Lebensdauer und Austausch

Die Lebensdauer der Honigwabe ist sehr groß, da sie nie bebrütet wird. Nach dem Schleudern wird der Resthonig aus den Waben von den Bienen ausgefressen und die defekten Teile, insbesondere die Zellränder wieder repariert. Danach ist die Wabe wieder für neue Füllungen bereit.

Isolationswabe

Allgemeines

Die Isolationswabe wird im Brut- und im Honigraum verwendet und leistet gute Dienste. Es werden pro Zarge jeweils zwei Isolationswaben benötigt.

Isolationswabe im Brutraum

Im Brutraum wird die Isolationswabe als seitlicher Abschluss des Brutnestes verwendet. Wenn die Zarge gefüllt ist und alle Waben mit Brut besetzt sind, dann sind die beiden Isolationswaben direkt neben der Zargenwand eingehängt. Sie werden so ein viel besseres und wärmeres Klima auch auf der äußersten Brutwabe gewährleisten, und die Bienen schätzen diese Wärme sehr. Das äußert sich nicht zuletzt darin, dass die Königin auch noch die äußersten Waben gut belegt und kein Brutplatz verloren geht.

Wenn das Volk noch nicht so stark ist, dass es alle Waben besetzen kann, dann kann mit den Isolationswaben der Anteil der Zarge, der von den Bienen verwendet werden soll, eingeschränkt werden. Hinter die von der Isolationswabe abgetrennten Brutwaben können Mittelwände, zusätzliches Futter aus dem Wintervorrat oder Isolationswaben eingehängt werden. Wenn sich das Brutnest ausweitet und kein Platz im zugewiesenen Bereich mehr vorhanden ist, dann werden die Bienen hinter die Isolationswabe ausweichen und auch dort Brut anlegen – ein deutliches Signal für den Imker, nun endlich für mehr Platz zu sorgen.

Isolationswabe im Honigraum

Der Zweck der Isolationswabe im Honigraum ist ein anderer. Hier geht es darum, ein gleichmäßigeres Klima hinsichtlich der Wärme zu erzielen. Die äußersten Honigwaben sind oft durch einen viel höheren Wassergehalt gekennzeichnet, als es bei den weiter innen liegenden Waben der Fall ist. Eine Isolationswabe kann hier helfen, dass auch der Honig auf der äußersten Wabe noch eine genügende Trockenheit aufweist. Zudem werden die Bienen auch hier die äußeren Waben lieber bedienen, wenn das Klima wärmer ist.

Die Isolationswabe aus Styrodur wird von den Bienen gerne angenommen, was hier auf dem Photo aus einem Volk von Emanuel Gettich gut sichtbar ist.

Bau und Material

Die Isolationswabe ist mit einem ähnlichen Rahmen ausgestattet, wie es die übrigen Waben derselben Zarge sind. Ein Unterschied besteht jedoch darin, dass die Breite des Rahmens auf 20 mm beschränkt ist; das ist die Dicke der Isolationsplatte, die anstatt der Mittelwand in diesen Rahmen eingebaut wird.

Als Isolationsmaterial hat sich Styrodur von 20 mm Dicke mit einem glatten Rautenmuster bewährt. Auch der Einsatz von 40 mm dickem Isolationsmaterial kann als Füllung für nur teilweise mit Wabenrahmen besetzte Zargen interessant sein. Das Rautenmuster kann zusätzlich als Trägermaterial für Mittel gegen die Varroa-Milbe eingesetzt werden. Diese Platten sind, so jedenfalls die Erfahrungen des Autors in der Schweiz und in Süddeutschland, offenbar nur in Fachgeschäften für Fliessen und Plattenbeläge erhältlich; Baufachgeschäfte führen diese kaum.

Der „Bananen-Ablegerkasten"

Zur Wichtigkeit der Ableger

Die Ablegerbildung ist nicht nur allgemein sehr wichtig, um die Völkerverjüngung voranzutreiben und die Populationsentwicklung der Varroa-Milbe einzudämmen, im Pressing-System von Gettich ist sie besonders wichtig, um der Gefahr der Schwärme wirksam begegnen zu können (mehr zum Thema Schwarm weiter unten). Deshalb braucht der Imker bei diesem System viele Ablegerkästen. Diese können natürlich bedeutende finanzielle Ressourcen verbrauchen. Gettich hat darum den „Bananen-Ablegerkasten" erfunden, bei dem das Volk in einer leicht umgebauten Bananenschachtel einquartiert wird, die unentgeltlich oder für nur wenig Geld bei jedem Früchtehändler besorgt werden kann.

Bock und Teppich

Auch beim Ablegerkasten ist es wichtig, das Magazin leicht über dem Boden zu platzieren, jedoch auch wieder nur wenige Zentimeter. Gettich verwendet dazu alte Gemüsekistchen, die er sich beim Gemüsehändler besorgt.
    Diese flachen Kistchen sind nur ca. 15 cm hoch und bilden eine hervorragende Basis für die Bananenschachtel. Diese kommt so aus dem nassen Gras und nimmt keine Feuchtigkeit ins Innere auf, wodurch sie länger halten. Europaletten sind hier eine gute Alternative.
    An dem Bock wird wieder ein kleiner Teppich von ca. 50 cm bis 1 m Länge angebracht, der das Gras direkt vor dem Magazin abdeckt und den Bienen als Anflug- und Landeplatz dient.

Das „Bananen-Magazin"

Als Ablegerkasten kann eine übliche Bananenschachtel verwendet werden, die von den Maßen her optimal für Zanderwaben eingesetzt werden kann. Es ist zu beachten, dass dabei die höheren Schachteln verwendet werden, denn es gibt auch flachere, die nicht die richtigen Maße haben. Die Schachtel bekommt innen eine Plastikfolie als Boden

DER „BANANEN-ABLEGERKASTEN"

eingelegt. Diese kann mit zwei dünnen Leisten eingeklemmt werden. Damit wird die Feuchtigkeit draußen gehalten und das Verkleben mit den Waben verhindert.

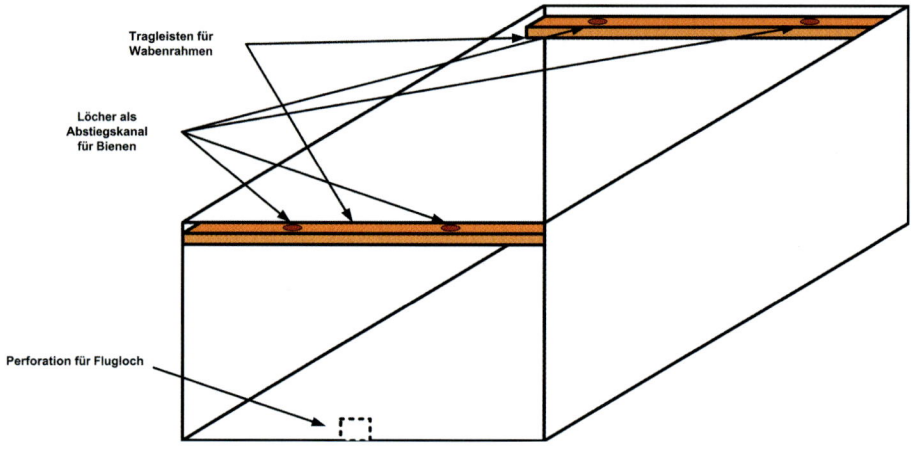

An den beiden kurzen Seiten der Bananenschachtel werden oben die Tragleisten für die Brutrahmen angebracht. Am einfachsten geht dies durch Schrauben. Mit einem kleinen Schnitt wird dann an einer Stirnseite das Flugloch geschnitten.

An den kurzen Seiten der Schachtel wird oben je eine Leiste von 35 mm Breite angeschraubt, die als Ablagefläche für die Wabenrahmen dient. Die Leisten sind ungefähr 15 mm unterhalb der oberen Schachtelkante befestigt, damit die Wabenohren innerhalb der Schachtel Platz finden. Unterhalb der Leiste kann ein Stück Styrodur-Isolierplatte eingeklemmt werden, diesen Bereich der Seite gerade ausfüllt und noch eine entsprechende Aussparung für das Flugloch erhält.

Hier ist ein Bananenschachtel-Magazin von Emanuel Gettich; gut sichtbar sind die beiden Tragleisten. Die auf den Rahmen liegenden dünnen Äste dienen als Abstandshalter, damit die Bienen unter der Plastikabdeckung gut zirkulieren können.

Der „Bananen-Ablegerkasten"

Ein Bananenmagazin mit einem Ableger. Hier wurde mit einem Brett eine Rampe anstatt eines Teppichs zum Flugloch gemacht.

Damit wird nicht nur die Isolation der Schachtel deutlich verbessert, sondern auch noch die Stabilität erhöht.

Ebenfalls an einer kurzen Seite wird unten ein ca. 7 mm x 10 cm großes Flugloch angebracht. Gettich perforiert diesen Bereich nur und schneidet ihn noch nicht aus. Damit kann er die Schachtel als Vorratsbehälter für Brutrahmen im Winter einsetzen, solange sie noch dicht ist. Erst wenn die Schachtel wirklich als Ablegerkasten eingesetzt wird, bricht er die Flugöffnung aus. Alle Seiten und der Deckel werden selbstverständlich mit Karton abgedichtet, dort, wo die Bananenschachtel die Luftlöcher hat.

Auf die Waben legt Gettich dünne (ca. 5 mm bis 7 mm) Äste, damit ein kleiner Abstand zwischen Waben und der durchsichtigen Plastikfolie entsteht und den Bienen eine bessere Zirkulation ermöglicht wird. Darauf kommt dann die abdichtende Plastikfolie.

Als Isolation nach oben verwendet Gettich einige Lagen Zeitungspapier, das optimal in der Größe passt und nicht nur isoliert, sondern auch noch dem Feuchtigkeitsausgleich dienlich ist. Dies gilt übrigens für die ganze Schachtel. Der Karton hat eine sehr gut regulierende Funktion für Feuchtigkeit und Wärme, wodurch ein gutes Brutklima gewährleistet wird.

Auf die Zeitung kommt noch der Notizzettel, den Gettich auf jedem Magazin hat, um laufend die Pflegemaßnahmen einzutragen. Und dann wird das Ganze mit dem Deckel der Schachtel abgeschlossen.

Auf den Deckel wird ein regendichtes Dach aus Aluminiumblech gelegt.

Ein solches Kartonmagazin kann einige Jahre im Gebrauch sein, auch Regen und Schnee widersteht es. Im Winter ist jedoch eine reale Gefahr gegeben, nämlich dass Mäuse den Karton zerfressen und so in den Ableger eindringen.

Betriebsweise im Verlauf des Jahres

Entwicklung der Völker im Frühjahr

Winterruhe einhalten

Während es noch kalt ist, sollte die Winterruhe der Völker nicht gestört werden. Es ist wichtig, dass jedes Volk mit möglichst vielen gesunden Bienen in den Frühling starten kann. Eine Störung der Wintertraube bedeutet eine Schwächung, da immer einige Bienen von der Traube abfliegen werden und in der kalten Umwelt umkommen.

Nur wenn im zeitigen Frühjahr eine Hungersnot droht, soll das Magazin kurz für eine Fütterung mit Futterwaben geöffnet werden.

Keine Reizfütterung

Emanuel Gettich ist strikt gegen jede Reizfütterung im Frühjahr. Er benützt einen Vergleich mit einem müden und ausgelaugten Pferd. Ein solches wird nicht zu Höchstleistungen fähig sein. Wenn der Pferdehalter dem Pferd nun Hochleistungsfutter gibt und es bei einem Pferderennen einsetzen möchte, dann wird es mit Überforderung reagieren. Genauso werden Völker reagieren, die mit Reizfütterung zu einer Leistung animiert werden sollen, für die sie nicht bereit sind. Sie reagieren nicht selten mit Nosema, und die Gefahr ist groß, dass sie sogar eingehen, statt den gewünschten Mehrertrag an Blütenhonig zu sammeln.

Ein weiterer Grund, auf die Reizfütterung zu verzichten, ist die reale Gefahr, dass dieses Futter später in die Honigzargen verlegt wird und damit die Honigernte beeinflussen kann.

Auswinterung und Umquartieren

Wenn die Temperaturen rund 14 °C erreichen, wird eine Kontrolle der Völker durchgeführt. Die Völker werden auf Brut und auf Größe begutachtet. Jetzt entscheidet es sich, ob ein Volk das Jahr über als Einzelvolk verbringt oder ob es in Partnerschaft mit einem anderen Volk eine einzelne Brutwabe besetzen wird. Solche Partnerschaften werden erst nach der Sonnenwende (21. Juni) wieder aufgelöst.

Betriebsweise im Verlauf des Jahres

Starke Völker bleiben selbständig

Ein starkes Volk wird mindestens 3 Brutwaben besetzen, also auf 4 oder mehr Gassen sitzen. Brut ist oft schon vorhanden, muss jedoch nicht unbedingt. Solche Völker werden sich im Verlauf des Frühlings in der Regel gut entwickeln und bald die ganze Brutzarge ausfüllen. Sie dienen auch den schwachen Völkern als Entwicklungshelfer.

Schwache Völker werden zusammenlogiert

Schwache Völker werden nur 3 oder weniger Wabengassen besetzen. Diese Völker würden sich im Verlauf des Frühlings aus eigener Kraft nicht rasch genug entwickeln, da die nötige Masse für ein gutes und warmes Brutklima nicht aufgebracht wird.

Solche Völker werden zusammen in eine einzelne Brutzarge einquartiert. Sie werden bis zur Sonnenwende immer zusammenbleiben.

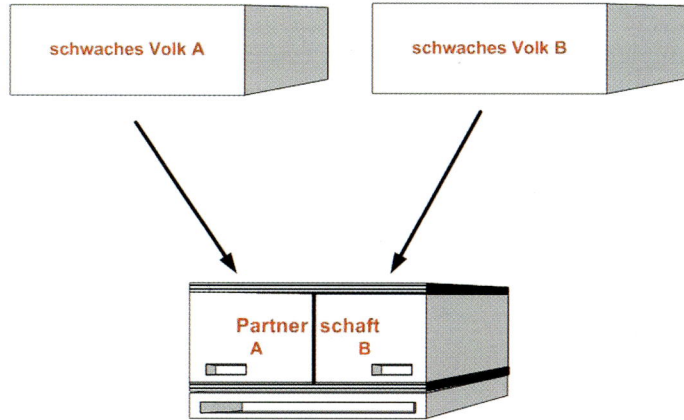

Schema zum Vorgehen bei der Bildung einer Gemeinschaft von zwei schwachen Völkern. Jedes Volk übernimmt eine Hälfte einer Brutzarge und ist durch Schiede an den Absperrgittern und der Brutzarge von anderen königinnendicht abgeteilt. Die Arbeiterinnen können jedoch frei zirkulieren.

Vorgehen

1. Es wird eine neue Brutzarge vorbereitet. Diese bekommt in der Mitte ein Trennschied, so dass zwei königinnendicht getrennte Bereiche entstehen. Dies muss auch nach unten und nach oben stimmen, also gehört dazu ein unterer wie auch ein oberer Absperrgitterrahmen.

    Die neue Brutzarge hat auch zwei zusätzliche kleine Fluglöcher, damit die Drohnen trotz des Absperrgitters das Volk verlassen können. Auch eine allfällige Schwarmkönigin wird diesen Weg nehmen müssen.

2. Nun werden die beiden Völker in die neue Brutzarge umlogiert. Dabei werden sie nur vom Trennschied getrennt direkt nebeneinander gehängt, so dass sie sich gegenseitig warm halten. Nach außen hin werden Futterwaben ergänzt, und das Nest wurde schließlich mit einer Isolationswabe abgeschlossen.

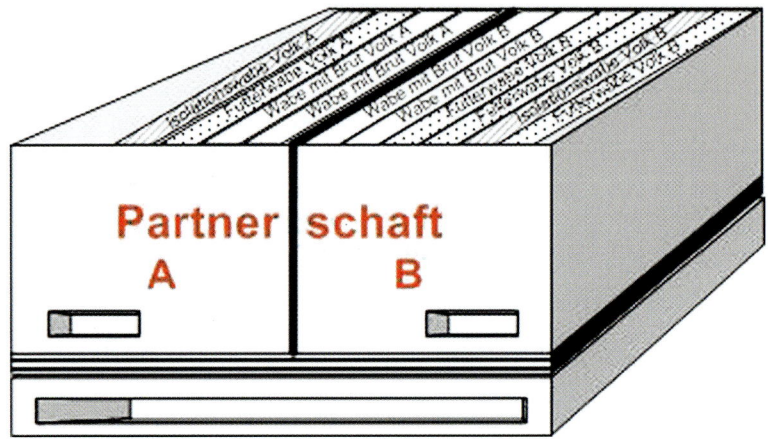

Detailansicht des Innenlebens einer Zweivolkzarge mit der Darstellungsanordnung von Brut-, Futter- und Isolationswaben

Allenfalls kann ein Brutnest auch etwas mehr verengt werden (= Pressing), indem die Isolationswabe näher ans Volk gerückt wird und erst dahinter noch eine Futterwabe gehängt wird. Dies ist auf der Grafik im Volk B zu sehen. Solange die Bienen genügend Futter vor der Isolationswabe finden und das Brutnest noch zu klein ist, werden sie die separate Futterwabe nicht verwenden. Wenn jedoch Futtermangel herrscht oder das Brutnest keinen Platz mehr bietet, kann das Volk auch hinter die Isolationswabe ausweichen. Das bedeutet dann für den Imker bei der nächsten Kontrolle, dass er die Isolationswabe umhängen muss, damit das Brutnest wieder zusammenrücken kann.

3. Damit ist die Arbeit beinahe beendet. Es fehlt bloß noch die weitere Ergänzung mit dem starken Volk, um den beiden schwachen Völkern noch mehr an Wärme und Entwicklungsmöglichkeiten zu geben.

Die Brutzarge mit den schwachen Völkern A und B wird daher durch einen Absperrgitter-Rahmen getrennt, auf ein starkes Volk C gesetzt.

Es ist sehr wichtig, dass immer die schwachen Völker auf das starke Volk gesetzt werden. Werden die schwachen Völker unter ein starkes Volk gesetzt, dann werden sie bald entvölkert, da die Bienen nach oben ins starke Volk abwandern. Ist hingegen das starke Volk unten, werden dessen Bienen bei der Königin bleiben und die von diesem Volk produzierte Wärme wird nach oben ziehen und dort ebenfalls für ein besseres Brutklima sorgen, so dass diese Völker bald auch voll in Brut gehen können.

Betriebsweise im Verlauf des Jahres

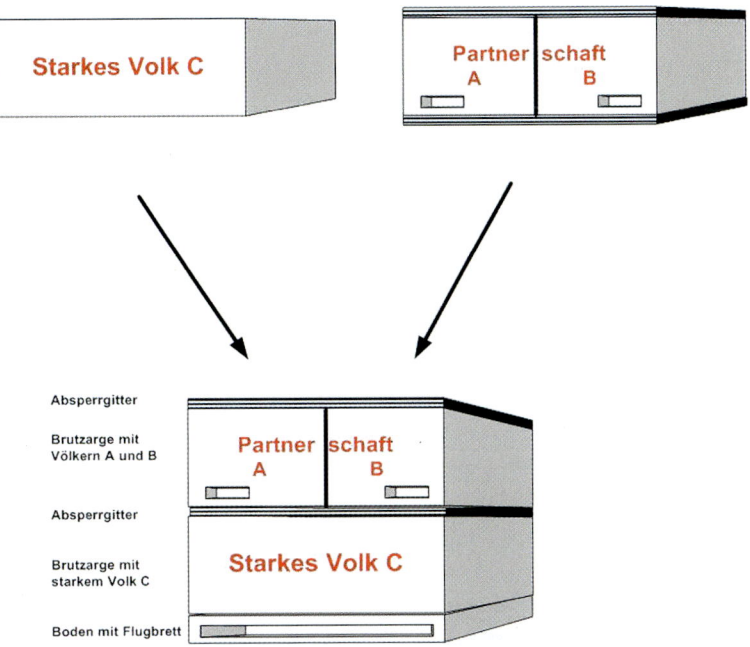

Darstellung, wie zwei schwache Völker mit einem starken Volk zusammengestellt werden, damit eine bessere Wärmeversorgung auch zu einer rascheren Entwicklung der schwachen Völker beiträgt.

Sollte das Brutnest des starken Volkes nicht in der Mitte der Zarge sein, so wird es ins Zentrum der Zarge gerückt. Damit ist es direkt unter den oben angesiedelten Brutnestern der schwachen Völker.

4. Nun kann das Magazin mit Plastikfolie, Isolationsmaterial und einem Regendach abgeschlossen und die weitere Entwicklung der Völker abgewartet werden.

Die Frühjahrstracht

Bei Beginn der Frühjahrstracht bis Mitte April sollten auch die schwachen Bienenvölker dank Partnerschaft und Mithilfe des starken Untervolkes die Brutnester gut ausgebaut und genügend eigene Sommerbienen ausgebrütet haben, so dass sie selbständig weiter wachsen können. Es ist daher ein erneuter Eingriff des Imkers nötig.

Umquartieren der Doppelvölker

Sobald die Witterung erwarten lässt, dass sich Tracht einstellt, werden die vormals übereinander gestellten Brutzargen wieder getrennt. Die obere Brutzarge mit den beiden ehemals schwachen Völkern wird weggenommen und die allenfalls schon aufgesetzten Honigzargen auf das verbleibende Volk gestellt.

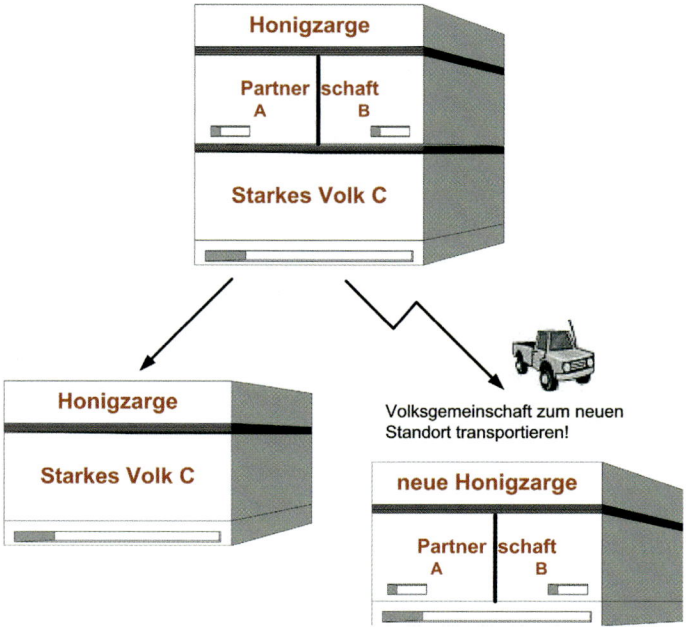

Teilung einer Völkergemeinschaft, nachdem die schwachen Völker erstarkt sind und nun allein weiterexistieren können.

Mit der Brutzarge des Doppelvolkes wird an einen anderen Standort von mindestens 3 km Entfernung gewechselt. Dies sollte entweder früh am Morgen oder spät abends erfolgen, damit alle Bienen auf den Brutwaben sitzen. Am neuen Standort erhält das Doppelvolk einen neuen Honigaufsatz. Sofern keine unmittelbare Tracht vorhanden ist, muss auch noch etwas Honigfutter mitgegeben werden.

Wenn eine Blütentracht zu erwarten ist

Wenn eine gute Blütentracht zu erwarten ist, sollte das Volk eher eng gehalten und keine neue Brut angeregt werden. Wenn also der Brutraum noch nicht ganz voll mit Brut belegt ist, kann die Isolationswabe zwischen die Brut und die noch leeren Randwaben gehängt werden, damit das Brutnest nun nicht mehr weiter ausgedehnt wird. Auf jeden Fall sollte in einer solchen Situation vermieden werden, leere Waben oder sogar Mittelwände ins Volk zu hängen, damit würde der Sammeltrieb völlig unterbunden. Da nun zwar weiter jeden Tag neue Bienen schlüpfen und das Volk wächst, aber keine neuen und erweiterten Brutflächen zu pflegen sind, werden mehr Bienen für den Sammelflug frei.

Die aufgesetzten Honigzargen werden gefüllt. Der Imker sollte nun besonders darauf achten, genügend Honigzargen bereitzuhalten, damit er keine Tracht zu verpasst.

Es sei in diesem Zusammenhang darauf aufmerksam gemacht, dass es pro Jahr nur einige wenige Tage sind, die wirklich einen guten Überschuss an Honig bringen. Schätzungen gehen von 10 bis 15 Tagen aus. Diese Tage sind daher auf jeden Fall voll auszunützen. Wenn diese interessante Zeit vorüber ist, kann das Volk wieder weiterwachsen und das Brutnest ausdehnen. Während der Trachtzeit soll das Volk aber für den Imker Honigüberschuss sammeln. In diesem Sinne hat es der Imker sehr stark selbst in der Hand, wie er seine Völker führt und sie zur Brut oder zum Sammeln anregt.

Ein oft begangener Fehler ist es auch, dass in der Trachtzeit zur „Verstärkung des Volkes" Brutwaben von einem anderen starken Volk entnommen und in ein schwächeres Volk hinzugehängt werden. Dies würde kaum eine Verstärkung zur Folge haben, ganz im Gegenteil: der Sammeltrieb würde nun völlig unterbrochen, da das schwache Volk nun alle Bienen, auch die Sammlerinnen, für die Brutpflege bräuchte. Dies ist die natürliche Hierarchie der Aufgaben im Volk, zuerst kommt die Brut und erst danach das Auffüllen der Vorräte. Diese Maxime wird besonders krass sichtbar, wenn das Volk bei einem Frühjahrskälteeinbruch auf der Brutwabe verhungert. Es bleibt auf der Brut, um diese Wärme zu gewährleisten, während es selbst keine Nahrung mehr aufnehmen kann, die doch nur einige Zentimeter daneben vorhanden wäre.

Honigzargen aufsetzen

Zargen oben aufsetzen

Bei guter Tracht können einem Volk ohne weiteres auch zwei bis drei leere Honigzargen aufgesetzt werden. Es wird sie rasch füllen. Sobald die oberste Zarge halb gefüllt ist, kommt eine weitere darauf. Die Honigzargen werden also immer oben aufgesetzt und nicht dazwischengedrängt. Ein Umsetzen der Honigzargen bedeutet eine große Störung für das Volk, was den Sammeltrieb gefährden könnte.

Zargen verschränkt aufsetzen

Die Zargen werden jeweils verschränkt aufgesetzt. Dies bedeutet, dass jede weitere Zarge wieder um 90° gegenüber der darunter stehenden gedreht aufgesetzt wird. Der Grund für diese Art der Schichtung ist ein zweifacher:

BETRIEBSWEISE IM VERLAUF DES JAHRES

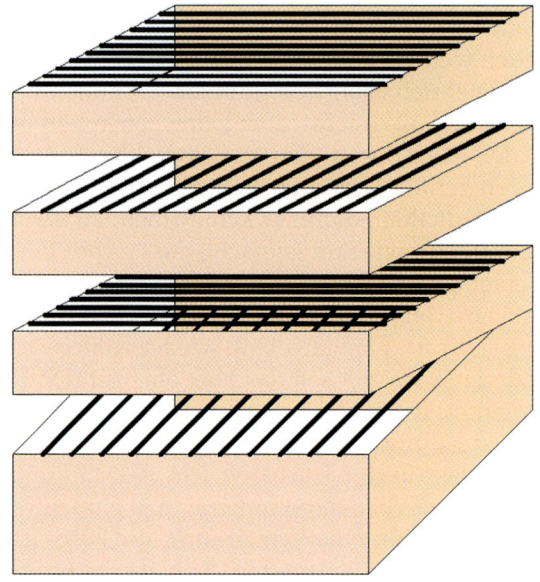

Jede Zarge wird um 90° verdreht auf die untere gestellt. Damit wird eine bessere Zirkulation der Luft und der Bienen erreicht, da es jeweils kaminähnliche Aufgänge gibt.

- Wenn die Zargen immer in der gleichen Richtung stehen, kommt es immer wieder vor, dass die darüber liegenden Zargen die aufsteigenden Gassen versperren und die Bienen nicht mehr gut in die nächste Zarge gelangen. Wenn hingegen die Waben jeweils um 90° versetzt sind, dann gibt es kleine quadratische aufsteigende Gänge, die einen ungestörten Verkehr der Bienen erleichtern und immer sicherstellen.
- Durch die Versetzung werden, wie oben bereits erwähnt, aufsteigende Gänge, die als Kamine wirken, gebildet. Durch diese Kamine kann die Luft besser durch den Stock zirkulieren. So kann auch der Honig besser ausgetrocknet werden und wird daher auch rascher reif.

ERNTE DES BLÜTENHONIGS

Großer Vorrat an Honigzargen

Der Erntezeitpunkt soll vom Imker selbst bestimmt werden können. Er kann dies nur, wenn er einen großen Vorrat an Honigzargen besitzt. Der Imker sollte nicht in die Lage kommen, dass die Tracht zwar anhalten würde, aber keine leeren Honigzargen mehr vorhanden sind, um sie auf die Völker aufzusetzen.

Im Idealfall wird der Imker einen so großen Vorrat an Honigzargen haben, dass er beliebig lange weitere Zargen auf die bisherigen Honigzargen aufsetzen kann. So kann er steuern, wann die Schleuderung des Honigs erfolgen soll.

Entfernen der Honigzargen

Ist der Imker zur Schleuderung bereit, so wird am Abend vorher ein Zwischenboden mit einer Bienenflucht zwischen die unterste Honigzarge und die restlichen, darüber stehenden Zargen geschoben. Diese unterste Honigzarge soll dem Volk in der Regel als Nahrungsreserve belassen werden, da in der Brutzarge nur Brut sein sollte. Wenn es die Trachtsituation jedoch erlaubt, kann auch diese unterste Honigzarge abgeerntet werden.

Am nächsten Tag werden die Honigzargen über der Bienenflucht frei von störenden Bienen sein und können direkt zusammen mit den Honigwaben wegtransportiert werden. Bei der Ernte wird sich die im Vergleich zu den Dreiviertelzargen viel leichtere Halbzarge bewähren.

Zargenkamin im Schleuderraum

Der Schleuderraum von Emanuel Gettich ist mit einem Entfeuchtungsgerät ausgerüstet. Damit wird die Luftfeuchtigkeit tiefgehalten, was nicht nur für den Honig gut ist, sondern, wie in einem separaten Kapitel erwähnt, auch für die Zukunft von Bedeutung sein wird, falls der Kleine Beutenkäfer einmal Europa erreicht haben wird.

Im Schleuderraum werden die Honigzargen zu großen Kaminen zusammengestellt. Als Basis wird ein Bock verwendet, der einen ungehinderten Luftstrom in die Zargen erlaubt.

Gettich hat sich ein kleines, regelbares Warmluftgebläse in eine Honigzarge eingebaut. Dieses kommt zu oberst auf den Zargenkamin. Nun lässt er auf 30 °C temperierte Luft durch die Zargen strömen. Damit erreicht er Verschiedenes:
- Der Honig bleibt schon warm und lässt sich viel leichter ausschleudern, da er flüssiger ist und die Zellen besser verlässt.
- Durch die trockene Luft wird verhindert, dass der Honig Wasser aus der Luft aufnimmt und in seiner Qualität sinkt.

Entdeckeln der Honigwaben

Nun kann eine Wabe nach der anderen entdeckelt werden. Dank der schmaleren unteren Querleiste bei den Honigrahmen kann Gettich ein warmes Messer für die Entdeckelung verwenden, was ein sehr effizientes Arbeiten ermöglicht.

Die Entdeckelung geschieht auf einem Lochblech und dem darunter liegendem Bottich auf einem mit Auslauf versehenen Tischchen. Über dem Tischchen ist ein Metallbogen, auf dem ein Dorn festgemacht ist. Dieser scharfe Dorn wird während des Entdeckelungsschnittes als Ablage für die Rahmen verwendet. So kann die Wabe leicht und ohne viel Kraft gedreht und gewendet werden.

Schleudern und Sieben des Honigs

Nach der Entdeckelung wird geschleudert. Der geschleuderte Honig wird in einen größeren Abfüllkessel gegossen, in den Gettich zwei Siebe, ein inneres Grobes und ein äußeres Feinmaschiges eingelassen hat. Die Siebe sind zylinderförmig und unten an einem Zylinder aus rostfreiem Blech angemacht. Sie stehen vollständig im Honig.

Diese Siebe wurden von Emanuel Gettich dem Lunzer Sieb nachgebaut, jedoch mit einem undurchlässigen oberen Rand versehen. Er erklärt, dass mit diesen Sieben mehrere der 50-kg-Kessel gefüllt werden können, ohne dass sie durch Wachspartikel verstopft werden, wichtig sei nur, dass das Niveau des Honigs immer höher als der obere Rand der Siebe gehalten wird. Dies bedeutet, dass immer nur soviel Honig durch den Abflusshahn entnommen wird, dass der Honigspiegel nicht unter den festen oberen Rand der Siebe fällt. Dies kann natürlich einfach erreicht werden, wenn der Honigkessel einen zweiten oberen Auslauf hat. Erst nachdem der ganze Honig geschleudert und in die Kessel abgefüllt ist, wird der Rest aus dem Kessel ausgelassen.

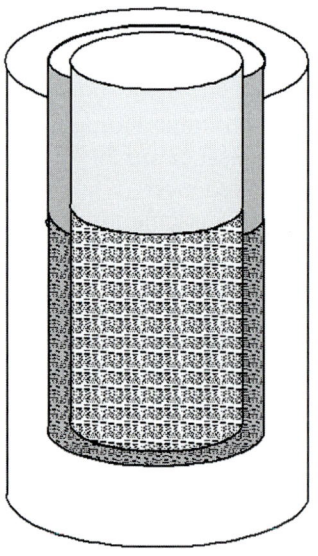

Aufbau des von Emanuel Gettich gebauten zylindrischen Honigsiebs, das dem Lunzer Sieb nachempfunden wurde. Damit gibt es keine durch Wachsteile verstopften Siebe mehr und die Schleuderung des Honigs ist einfacher.

Rühren des Honigs

Nach dem Sieben des Honigs wird er in einen größeren Lagerkessel gefüllt. Dort wird die gesamte Masse des Honigs nach dem Klären für ca. 3 Tage in Intervallen von ca. 3 Stunden gerührt. Damit soll erreicht werden, dass sich die verschiedenen Honigbestandteile, die sich im Zuckergehalt unterscheiden und eine Schichtung des Honigs verursachen würden, weitgehend homogen vermischen.

Rückführung der Honigwaben

Nach dem Ausschleudern sind die Honigwaben beschädigt (durch das Entdeckeln) und noch honigfeucht. Werden sie in diesem Zustand gelagert, so entzieht der Resthonig der Luft so lange Feuchtigkeit, bis er in Gärung übergeht und sauer wird. Dieser saure Belag würde die Qualität des zukünftig wieder in diesen Waben eingelagerten Honigs vermindern.

Es gilt daher, die Honigwaben möglichst rasch zu einem starken Volk zurückzubringen. Dort werden sie turmartig auf die Brutzargen aufgesetzt. Dieses Volk wird rasch mit der Reparatur der Waben beginnen und den Resthonig abtragen. Nach rund drei Tagen werden die Waben trocken und in bestem Zustand sein. Nun können sie wieder entfernt und bis zum nächsten Einsatz gelagert werden. Über die trockene Lagerung der Waben wird im Teil über den Winterbetrieb berichtet.

Das Entdeckelungswachs wird, nachdem der Resthonig abgelaufen ist, in einer Futterzarge wieder den Bienen zugeführt. Diese werden ihn vom immer noch enthaltenen Honig säubern und nur noch Wachsgrieß zurücklassen.

SCHWARMVERHINDERUNGSMASSNAHMEN

Grundsätzliches

Grundsätzlich sollte verhindert werden, dass unkontrollierte Schwärme entstehen. Dazu ist zum einen darauf zu achten, dass verhindert wird, dass die alte Königin nicht aus ihrem Volk auszieht, und zum anderen, dass ein Volk, das in Schwarmstimmung gelangt, durch Pflegemaßnahmen möglichst rasch wieder auf Aus- und Weiterbau umprogrammiert wird. Junge, überwinterte Ablegervölker sind laut Gettich in dieser Zeit besonders wichtig. Dies bedeutet, dass im Vorjahr bereits mit der zügigen Ablegerbildung begonnen wird. Mehr dazu im nächsten Kapitel.

BETRIEBSWEISE IM VERLAUF DES JAHRES

Das Verhalten eines schwarmträchtigen Volkes liegt auf der Hand:
- Es wird nicht mehr gebaut;
- es wird nicht mehr gebrütet;
- es wird nicht mehr gesammelt;
- stattdessen wird der Auszug vorbereitet und möglichst bald durchgeführt.

Diese Einstellung gefährdet ein gutes Trachtergebnis stark und muss daher möglichst rasch durch Pflegemaßnahmen geändert werden.

Flügelstutzen der Königinnen

Wie bereits ausgeführt, ist das erste Augenmerk auf die bisherige Königin zu richten. Sie soll daran gehindert werden, dass sie aus ihrem Volk auszieht. Die einzig wirksame Methode dazu ist das von Gettich seit vielen Jahren praktizierte Stutzen eines Flügels der Königin. Kurz nach deren Beginn mit der Eiablage wird sie gekennzeichnet und gleichzeitig wird von einem Flügel ungefähr ein Drittel mit einem kleinen, scharfen Scherchen abgeschnitten. Durch diesen Eingriff wird die Königin flugunfähig und sie wird schon kurz nach dem Start wieder zu Boden fallen. Idealerweise wird sie bereits auf dem vor dem Magazin ausgebreiteten Teppich landen. Deshalb soll dieser auch ca. 1 m lang und mindestens so breit wie das Magazin sein.

Die Königin wird dann in der Regel den Rückzug in ihr Volk antreten und über den Teppich wieder in den Stock gelangen. Manchmal fliegt sie etwas zu weit und landet im Gras außerhalb des Teppichs. Wenn sie den Weg zurück zum Stock nicht findet, werden einige Bienen eine Traube um sie herum bilden und der aufmerksame Imker wird sie am Boden finden.

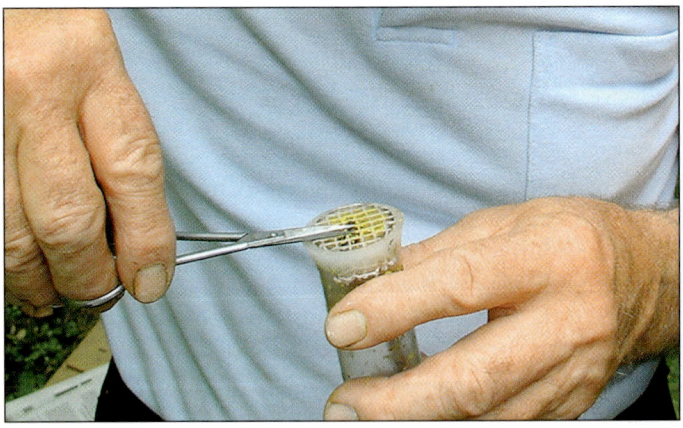

Um ein Abfliegen der Königin zu verhindern, wird der Flügel einer Seite um ca. 1/3 verkürzt. Dadurch wird die Königin flugunfähig und stürzt mit etwas Glück bereits auf dem Teppich vor dem Flugloch ab und kann zurück ins Volk wandern.

Der Schwarm wird ohne die Königin wegfliegen und bald merken, dass er weisellos ist. Die Erfahrung zeigt, dass er nach rund einer halben Stunde wieder zurückkommt und sich die Bienen nun ebenfalls wieder in den Stock begeben.

Natürlich ist damit der Schwarm nur aufgeschoben, aber nicht aufgehoben. Möglicherweise geschieht die gleiche Prozedur schon am nächsten Tag wieder. Für den Imker werden so trotzdem wertvolle Tage gewonnen, wo er versuchen kann mit anderen Schwarmverhinderungsmaßnahmen auch die restliche Schwarmstimmung zu unterbinden.

Kontrolle auf Weiselzellen

Was die Schwarmstimmung angeht, so ist die regelmäßige Kontrolle nach Weiselzellen ab März bis Juni wichtig. Auch hier bewährt sich die Pressing-Methode von Gettich sehr. Es ist nur eine einzelne Zarge pro Volk zu kontrollieren. Dank der schmaleren unteren Querleiste des angepassten Zanderrahmens kann rasch und sicher in die Wabengassen hineingesehen werden und die in der Regel unten angebrachten Weiselzellen können entdeckt werden.

Werden solche Zellen entdeckt, muss sofort gehandelt werden. Das Volk ist bereits in Schwarmstimmung versetzt, und es ist ohne Pflegemaßnahmen nur eine Frage der Zeit, bis der Schwarm loszieht. Gettich entnimmt diesen Völkern die Brutwaben mit Weiselzellen und bildet mit diesen sofort neue Ableger. Mehr dazu im entsprechenden Kapitel. Dies genügt natürlich noch nicht, das Volk würde sofort wieder neue Weiselzellen anlegen, denn die Schwarmstimmung ist noch nicht gebrochen.

Austausch mit Ableger

Ableger als „Umprogrammierungshilfe"

Für die Pflegemaßnahmen gegen die Schwarmstimmung sind Ableger sehr wichtig. Wie Gettich berichtet, hat er bei einer früheren Imkerreise in die Umgebung von Venedig die Methode eines Mönchs kennen gelernt. Dieser hat die Macht der Ableger erkannt. Ein Ablegervolk, auch wenn es an der Zahl der Bienen dem Hauptvolk weit unterlegen ist, kann dieses wieder umprogrammieren, d. h. die vorher auf Schwarm eingestellten Bienen werden wieder zurück zum Programm Ausbau und Sammeln finden. Er hat daher einem Volk, das in Schwarmstimmung kam, nicht Bienen weggenommen, sondern gerade das Gegenteil gemacht, nämlich einen kleinen Ableger dazugehängt. Meist sei so die Schwarmstimmung rasch abgeklungen, weil der Ableger absolut nicht schwärmen wollte. Zwei Wochen darauf konnte der Mönch wieder einen neuen Ableger aus dem nun ruhigen Volk entnehmen.

BETRIEBSWEISE IM VERLAUF DES JAHRES

Austauschmethode nach Gettich

Diese Erfahrungen des Mönches hat Gettich in seine eigene Methode der Schwarmverhinderung eingebaut. Dabei wird wie folgt vorgegangen:

1. Die Brutzarge eines Ablegervolkes (nennen wir es Volk A) wird besorgt und, wenn nötig, von einem anderen Standort an den Ort des schwarmträchtigen Volkes (nennen wir es Volk S) gebracht. Es ist wichtig, dass immer das Ablegervolk zum Schwarmvolk kommt (und nicht umgekehrt), da sich das Schwarmvolk sonst nicht leerfliegen kann.
2. Die Brutzarge des Ablegervolkes A kommt genau an die Stelle, wo die Brutzarge des Volkes S war. Es ist wichtig, dass sowohl die Stelle wie auch die Flugrichtung identisch bleiben. Die Honigzargen des Volkes S werden nun auf die Brutzarge des Volkes A gestellt, zusammen mit allen darauf sitzenden Bienen. Das Ziel ist, dass möglichst viele Flugbienen des Volkes S nun zum Volk A gehören.
3. Beim Volk S werden alle Weiselzellen entnommen, diese können für die Bildung von Ablegern verwendet werden. Die Brutzarge des Volkes S wird mindestens einige Meter (ca. 3 bis 5 m) vom alten Ort entfernt aufgestellt. Vorteilhaft ist auch, wenn die Flugrichtung etwas verändert werden kann. Es kann natürlich auch der Standort gewechselt werden.

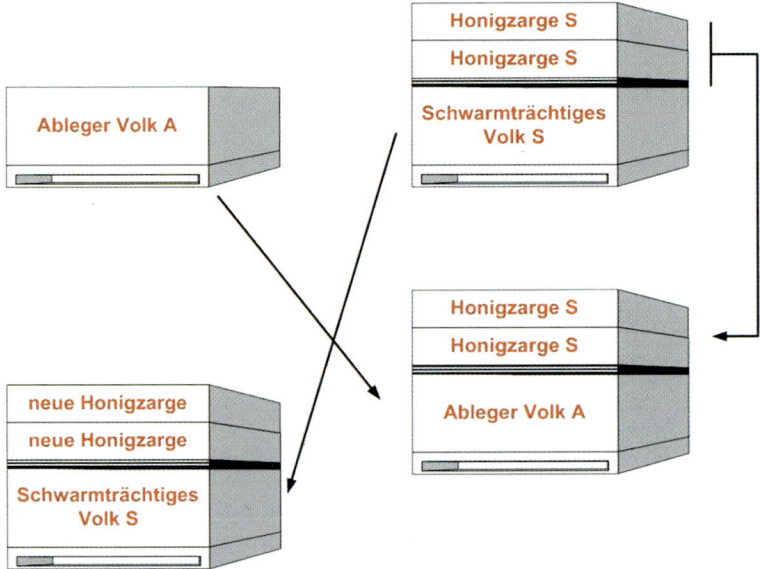

Darstellung der Schwarmverhinderung durch Kombination mit einem Ableger. Damit gewinnt der Imker zwei gute und sammelfreudige Völker und bricht gleichzeitig den Schwarmtrieb.

4. Das Volk S erhält neue Honigzargen ohne Bienen. Es ist jedoch zu beachten, dass es auch noch etwas Honig als Notvorrat erhält; außer die Tracht wäre sehr gut und sicher.
5. Nun werden noch weitere Flugbienen, die das Volk S für den Sammelflug verlassen, gewohnheitsmäßig zu ihrem alten Ort zurückfliegen, d. h. ins Volk A einlaufen. Das Volk S ist dadurch noch mehr geschwächt.

Nach dieser Behandlung wird das schwarmträchtige Volk keinen Schwarmdruck mehr empfinden. Zu viele Bienen sind verlustig gegangen. Die Wahrscheinlichkeit ist daher groß, dass es die Schwarmlust ablegen wird und wieder zurück zum Auf- und Ausbau des eigenen Volkes findet. Der Schwarm ist gebannt.

ABLEGERBILDUNG

Wichtiges Element der Methode

Die Ablegerbildung ist nach Gettich ein sehr wichtiges Element der Magazinimkerei. Die Ableger dienen dabei nicht nur der in der Imkerei allgemein wichtigen Völkerverjüngung und -vermehrung, sondern insbesondere der Schwarmverhinderung. Die Pressing-Methode bringt es mit sich, dass die Völker eher in Schwarmstimmung kommen, da das Brutnest künstlich eng gehalten wird und es sich nicht weiter ausbreiten kann. Wie oben beschrieben, werden in diesem Fall Ableger zur Schwarmverhinderung eingesetzt. Es müssen dafür natürlich immer genügend Ablegervölker vorhanden sein.

Bilden des Ablegers

Ableger werden mit Brutwaben gebildet, die Weiselzellen enthalten. Es werden alle, außer eine Weiselzelle ausgebrochen (allenfalls in einem Brutkasten ausgebrütet). Die Brutwabe kommt dann in einen Bananen-Ablegerkasten, zusammen mit zwei Futterwaben. Dieses minimale Brutnest wird links und rechts durch eine Isolierwabe abgeschlossen. Außerhalb der Isolierwaben können noch weitere Futterwaben eingehängt werden oder auch Wabenrahmen mit Mittelwänden zum Ausbau. Diese Waben werden aber von den Bienen nicht belegt, solange das Brutnest genügend Platz bietet. Die Bananenschachtel wird dann an einen anderen Standort verbracht, wo das Ablegervolk wachsen kann.

Begattungsflug

Wenn die Königin ausgeschlüpft ist, wird sie bald auf den Begattungsflug gehen. Voraussetzung ist jedoch, dass keine offene Brut im Nest ist. Ein Einhängen einer Wabe mit Brut zur Stärkung des Volkes würde daher den Begattungsflug verhindern, denn die Königin riskiert in der Regel nicht, dass eine weitere Königin während ihrer Abwesenheit das Volk übernimmt. Sie wird daher immer mit dem Flug warten, bis keine offene Brut mehr vorhanden ist.

Die Berücksichtigung dieser Tatsache ist besonders wichtig, wenn Weiselzellen aus Völkern entnommen werden, die gegen Ende Juni oder Anfang Juli gezogen wurden. In dieser Zeit ist jeder Tag wichtig, an dem die Königin früher begattet wird und jede Verzögerung des Hochzeitsfluges sollte daher vermieden werden. Je früher die Königin mit der Eiablage beginnt, desto mehr Sommer- und Winterbienen kann das Volk noch heranziehen, bevor die Brutpause einsetzt, und desto besser sind die Chancen, dass das junge, kleine Volk den Winter überlebt.

Zeichnung und Flügelstutzen

Wo und wie kann die Königin gefunden werden?

Im Pressing-System ist es wichtig, dass die Bienenkönigin gefunden und markiert werden kann. Dazu im Folgenden einige Tipps:

Grundsätzlich sollte mit so wenig Rauch wie möglich gearbeitet werden, damit die Chancen vergrößert werden, dass die Königin auf der Brutwabe bleibt und sich nicht zur Sicherheit in eine Ritze oder ein Loch verkriecht. Dann sollten zuerst jene Brutwaben durchgesehen werden, auf denen unverdeckelte, möglichst junge Brut (Eier) vorhanden ist. Die Königin hält sich nur selten auf jenen Waben auf, die nur noch verdeckelte Brut enthalten.

Bei der Durchsicht ist eine „indirekte" Technik anzuwenden. Man sollte nicht direkt auf einen Punkt auf der Wabe sehen, sondern versuchen, die gesamte Wabe auf einmal im Blickfeld zu haben, zu schnell kann sich die Königin über die Waben bewegen und unseren konzentrierten Blicken entschwinden. Wichtig ist auch, dass man versucht, nicht auf die Wabe zu atmen. Unser Mundgeruch würde die Königin sofort verscheuchen; wobei es gleichgültig ist, wie gut unsere Zähne geputzt wurden.

Wenn trotz allem die Suche fehlschlägt und wir dennoch die Königin finden möchten, dann kann die Brutzarge geteilt werden. Man hängt die Hälfte der Brutwaben in ein separates Magazin und wartet ca. 30 Minuten ab. Dort, wo die Königin fehlt, wird nun ein deutlich nervöseres Verhalten festgestellt und wir müssen nur noch die andere Hälfte durchsehen.

Flügelstutzen der Königin

Hat die Königin mit der Brutablage begonnen und gezeigt, dass sie fähig ist, ein Nest aufzubauen, wird ein Flügel gestutzt und sie wird gezeichnet. Dies geschieht im gleichen Arbeitsgang. Gettich verwendet den üblichen Zeichnungskäfig. Mit dem Stempel wird die Königin am Gitter blockiert und ein Flügel vorsichtig aus einem Gitterfenster herausgenommen. Nun wird ca. die Hälfte des Flügels mit einem kleinen scharfen Scherchen abgeschnitten.

Gelbe Markierung der Königin

Die Königin bleibt nach dem Flügelstutzen blockiert; nun erfolgt ihre Zeichnung. Gettich zeichnet alle seine Königinnen immer gelb. So sind sie seiner Meinung nach auch beim Eindunkeln noch gut sichtbar und er kann sie rasch finden. Wie alt die Königin ist, kann er ja von seinen Aufzeichnungen, die jedes Volk begleiten, sofort sehen. Sie wird sorgfältig aufgetragen und dann noch einige Sekunden einmassiert. Die Farbe hält so viel länger und zuverlässiger. Dann bekommt die Königin wieder mehr Platz. Nach ca. ein bis zwei Minuten ist die Farbe trocken und die Königin wird wieder dem Volk zugegeben.

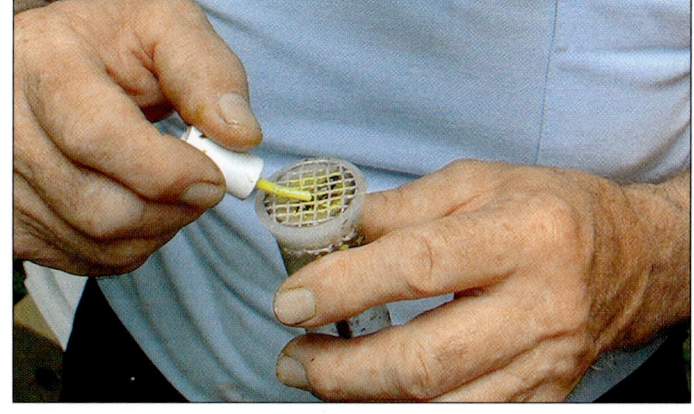

Das Zeichnen der Königinnen ist wichtig, um sie in der Brutzarge rasch wiederfinden zu können. Auch die Kontrolle, ob ein Volk still umgeweiselt hat, kann so einfach und effizient erfolgen.

Erweitern des Brutnestes

Bald nach der Begattung wird die Königin mit der Eiablage beginnen und das Brutnest ausdehnen. Sobald sich die Brut auf die beiden zugegebenen Futterwaben ausdehnt, werden weitere Wabenrahmen, die sich hinter der Isolationswabe befinden, an das Brutnest angehängt. Gettich hält nichts davon, das Brutnest zu stören, indem die Brutwaben mitten ins Nest gehängt werden. Er erweitert immer außen und hat damit sehr gute Erfahrungen gemacht. Ein guter Ableger mit einer guten Königin wird so bald den ganzen Raum in der Bananenkiste ausgefüllt haben. Gettich füttert seine Ableger übrigens auch nicht mit zusätzlichem Zucker, sie sollen selbst mit der Tracht auskommen und mit den gegebenen Futterwaben.

Wartestellung des Ablegers

Wenn das Ablegervolk sich gut entwickelt hat, dann wird es in Wartestellung weiter gepflegt, d. h. es verbleibt den Winter über im Magazin. Ich habe allerdings mit dem Kartonmagazin im Gegensatz zu Gettich im Winter mit den Mäusen schlechte Erfahrungen gesammelt. Diese Völker werden im laufenden und auch im folgenden Jahr für die Schwarmverhinderung eingesetzt, solange noch keine neuen Ableger vorhanden sind. Sehr gute Ablegervölker, die rasch und zuverlässig den gesamten Brutraum ausgefüllt haben, werden in ein normales Magazin umgesiedelt und entsprechend gekennzeichnet. Sie werden so vorbereitet, dass sie im folgenden Jahr als Wirtschaftsvolk eingesetzt werden können.

TRENNUNG NACH SONNENWENDE

Volk zieht sich zusammen

Nach der Sonnenwende am 21. Juni zieht sich das Bienenvolk langsam wieder zusammen und bereitet sich auf den Winter vor. Dies ist der Zeitpunkt, die Partnerschaften zwischen den Völkern wieder aufzulösen. Die Völker werden nun gesondert die Winterbienen aufziehen und den Wintervorrat auffüllen. Die Auflösung verlangt auch, dass der Imker mindestens zwei Standorte zur Verfügung hat.

Vorgang der Trennung

Die Trennung der seit Frühling als Partnerschaften geführten Völker wird in folgenden Schritten durchgeführt:
1. An einem Abend, nach dem Bienenflug, wird jedes Volk wieder in eine eigene Brutzarge gehängt. Dabei ist natürlich besonders darauf zu achten, dass die Königin auch in die neue Zarge gelangt. Sicherheitshalber wird sie daher zuerst gefangen und in einen Käfig gesperrt und nach der Umsiedelung des Volkes in die neue Zarge wieder zugeführt.

Betriebsweise im Verlauf des Jahres

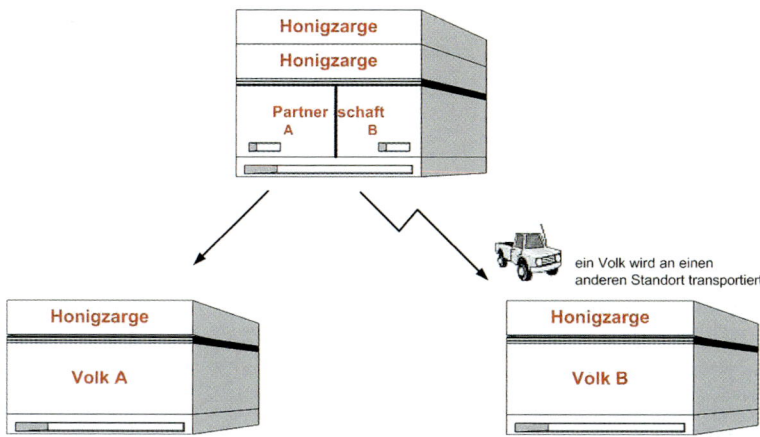

Trennung der Volksgemeinschaften nach der Sonnenwende, um eine harmonische Herbstentwicklung einzuleiten und zu verhindern, dass eine der beiden Königinnen abgetötet wird.

2. Je nach Trachtlage wird nun
   a. bei zu erwartender guter Tracht das Brutnest nur gerade umgehängt und dann direkt mit je einer Isolationswabe an beiden Seiten abgegrenzt und vom Rest der Zarge getrennt. Dadurch wird das Volk nicht mit dem Ausbau neuer Mittelwände oder der Erweiterung des Brutnestes belastet und kann sich voll auf die Einbringung der Tracht konzentrieren.
   b. wenn keine Tracht mehr zu erwarten ist, neben das Brutnest je Seite eine Brutwabe mit einer Mittelwand gegeben und das Nest dann mit den Isolationswaben abgeschlossen. Weitere Rahmen mit Mittelwänden können hinter die Isolationswabe gehängt werden. Diese werden später ins Nest gehängt, wenn das Volk nach mehr Platz verlangt. Das Volk kann auf diese Weise noch einmal bauen und neue Brut pflegen und sich so besser auf den Winter vorbereiten.
3. Beide Völker erhalten eine Honigzarge als Nahrungsreserve aufgesetzt. Bei guter Tracht kann eine weitere, leere Honigzarge aufgesetzt werden.
4. Ein Volk wird nun an einen anderen Standort transportiert, damit die ganze Volksstärke erhalten bleibt.

Weitere Pflege der getrennten Völker

Die getrennten Völker müssen nun weiter gepflegt werden. Sobald eine allfällige Tracht beendet ist, muss das Brutnest ausgedehnt werden, um ein großes Volk für den Winter vorzubereiten. Im Juli werden schon die ersten Winterbienen schlüpfen, und man sollte versuchen, mit möglichst viel Bienen in den Winter zu kommen. Für die Auffütterung sind noch viele Sommerbienen nötig, die in dieser Zeit ebenfalls noch schlüpfen.

Vor der Waldtracht

Die Waldtracht als Ergänzung

Emanuel Gettich macht darauf aufmerksam, dass die Waldtracht nur als Ergänzung der Blütentracht dienen soll. Es sei eine Eigenheit der alpenländischen Imkerei, dass die Waldtracht mit dem Tannenhonig einen so großen Stellenwert habe. Im größten Teil der Erde werde nur die Blütentracht genutzt.

Da die Waldtracht in der Regel erst Mitte Juli beginnt – sofern sie überhaupt fließt –, fällt sie in die Zeit hinein, in der eigentlich schon bald mit der Auffütterung auf den Winter begonnen werden sollte. Eine gute Waldtracht kann daher den Imker dazu verführen, die Winterfütterung zu spät zu beginnen, und er riskiert damit, mehr Völker im Winter zu verlieren.

Waldhonig ist zudem mehr mit Balaststoffen durchsetzt, was die Fähigkeit der Bienen mindert, längere Zeit ohne Reinigungsflug auszukommen. Ob dieses Problem wirklich so groß ist, wie im deutschsprachigen Raum weitverbreitet angenommen wird, ist jedoch fraglich. Gerade skandinavische Imker und auch solche aus Alaska haben gegenüber dem Autor mehrfach bestätigt, dass sie keinerlei Probleme mit diesem Honig als Winterfutter haben.

Vorbereitung der Winterruhe

Allgemeines

Die Vorbereitung der Winterruhe ist ein wichtiger Zeitpunkt. Hier wird wesentlich entschieden, wie gut und mit wie vielen Bienen das Volk den Winter überstehen wird, um dann im Frühling als starkes Volk wieder in die Tracht zu kommen. Es wird jetzt auch entschieden, wie das Volk eingewintert wird, nämlich auf einer einzelnen Brutzarge oder auf einer mit einer Honigzarge untersetzten. Nach Zander stellen aber die 20 cm Höhe der nach ihm benannten Rahmen einen genügend großen Raum für die Wintertraube zur Verfügung und ein Unterstellen der Honigzarge ist nicht nötig.

Überwinterung auf der Brutzarge

Die Überwinterung der Völker geschieht auf einer einzelnen Brutzarge. Vor der Einfütterung werden daher die Honigzargen abgenommen, so dass nur noch diese einzelne Brutzarge übrig bleibt. Bei einem starken Volk kann es trotz gegenteiliger Versicherung von Zander von Vorteil sein, dieser Brutzarge eine leere Honigzarge unterzustellen. In dieser Honigzarge sind also keine Wabenrahmen vorhanden. Sinn dieser untergestellten Zarge ist, dass das Volk in diesen Raum hängen kann, während im oberen Bereich das Futter gelagert wird.

Gettich sucht nach einer Königinnenauslese, die in den Monaten August/September bereits aufhört zu brüten. Diese lange brutlose Zeit soll dem Volk wieder die nötige Energie für die kommende Saison geben. Zudem wird so das Wachstum der Varroa-Population wirksam eingeschränkt.

Einengen des Wintersitzes

Vor der Auffütterung soll der Wabenbau nach Zander eingeengt werden. Es gilt Volksstärke und Wabenzahl in ein vorteilhaftes Verhältnis zu bringen. Der Imker muss sich bewusst sein, dass sich das Volk im Winter zu einer dichten Traube formt, die sich nur entlang der Wabengassen und kaum über diese hinweg langsam der Wabe entlang bewegt, um an die neuen Futtervorräte zu gelangen. Zu Beginn des Winters ist diese Wintertraube in der Regel beim Flugloch zu finden, während die Futtervorräte eher im hinteren Teil der Zarge zu finden sind.

Zander empfiehlt, an einem kühlen Morgen Anfang September bei den Völkern Nachschau zu halten. Das Volk wird sich in dieser Zeit ebenfalls zu einer engeren Masse zusammengezogen haben. Jene Waben, die zu diesem Zeitpunkt von den Bienen nicht voll belagert werden, können aus dem Brutraum entfernt werden, denn sie werden im Winter nicht mehr gebraucht, da sich die Wintertraube noch enger zusammenziehen wird.

Nachdem die überflüssigen Waben entfernt wurden, sollte das Nest mittels Isolationswaben warm abgeschlossen werden. Sind mehrere Waben entfernt worden, so dass hinter der Isolationswabe noch freier Raum besteht, kann dieser z. B. mit lose zusammengeknülltem Zeitungspapier ausgefüllt werden. Dieses kann dann gleich auch im Winter als Feuchtigkeitsausgleich dienen.

Auffütterung

Völker in den Gettich-Beuten

Nachdem das Magazin so zusammengestellt wurde, wie es für den Winter bleiben soll, wird mit der Auffütterung begonnen. Jene Waben, wo die Wintertraube sich zusammenziehen wird, sollen zur Hälfte bzw. bis zu zwei Dritteln von hinten weg mit Futter gefüllt sein. Ein Quadratdezimeter (10 cm x 10 cm) beidseitig gefüllte Wabe enthält rund 350 g Honig. Wenn ein Volk z. B. drei Waben (4 Wabengassen) besetzt, so wird es ca. 20.000 Bienen umfassen und in der kältesten Zeit bis Februar ca. 3 bis 5 kg Winterfutter benötigen. 3 Zanderwaagen bilden eine Fläche von ca. 23 Quadratdezimeter, wenn davon 2/3 mit Futter besetzt sind, ergibt das ca. 5 kg Honigvorrat, also genug für die strengste Zeit. Der Gesamtverbrauch bis Ende März dürfte um die 10 bis 15 kg betragen. Da eine volle Futterwabe ca. 2,5 kg Honig hält, bedarf es daher noch einmal rund 4 gefüllter Futterwaben zu den Seiten der Wintertraube, die in der wärmeren Frühlingszeit von den Bienen aufgebraucht werden können.

Ableger in den Bananenschachtel-Beuten

Für die Fütterung der Ableger in den Bananenschachtel-Beuten kann auf verschiedene Varianten zurückgegriffen werden:

- Indem eine zweite Schachtel auf die erste gestellt und ein Durchgang von der Beute in die darüber liegende Schachtel gemacht wird. In die leere Schachtel kann ein Kübel mit dem flüssigen Futter gestellt werden.
- Indem einige Wabenrahmen aus dem Magazin entnommen werden und an deren Stelle ein Kübel mit dem Futter hineingestellt wird.
- Indem bei einem starken Volk frühzeitig mit der Fütterung begonnen wird. Die von diesem Volk gefüllten Futterwaben werden entfernt und als Futterreserven für die Ableger verwendet. Damit entlastet der Imker den Ableger von der Arbeit des Aufbaus des Wintervorrates.

Flüssig oder mit Zuckerteig?

Gettich verwendet für die Auffütterung nur Zuckersirup, da er der Ansicht ist, dass Zuckerteig für die Bienen mehr Stress bei der Wintervorbereitung bedeutet. Viele Imker haben schon die Erfahrung gemacht, dass flüssiges Futter rascher abgenommen wird. Es wird auch eher zu einem neuen Bruteifer führen. Flüssigfutter hat aber auch Nachteile. Zuvorderst steht das Risiko der Bienen, im Futter zu ertrinken. Mit gutem Fütterungsgeschirr kann dieses Risiko verkleinert werden. Flüssiges Futter führt aber auch öfter zu Raub, als dies bei Zuckerteig der Fall ist. Diese Tendenz kann vor allem für Ablegervölker zur Gefahr werden. Schließlich kann Zuckersirup nicht gut mit Eiweißen angereichert werden.

Für Zuckerteig spricht die einfachere Fütterung, ohne Risiko für die Bienen. Auch Bretschko empfahl in seinem Buch „Naturgemäße Bienenzucht", das heute vom österreichischen Bienenwissenschafter Rudolf Moosbeckhofer weitergeführt wurde, den Einsatz von Zuckerteig. Der Vorteil des Teiges ist, dass man ihn nach eigenem Rezept herstellen und so auch weitere Aspekte berücksichtigen kann. Gerade der in einigen

Publikationen erwähnte Eiweißmangel der Bienen im Herbst kann durch Beimischung von Sojamehl verhindert werden. Viele Imker sehen im Maispollen, der Anfang August oft vorhanden ist, genügend Pollennahrung für die Bienen. Genauere Untersuchungen des Eiweißgehaltes des Maispollens zeigen aber, dass dieser nur rund 3/4 des optimalen Anteils an Eiweiß hat und damit auch von den Bienen nur teilweise aufgenommen werden kann.

Während Bretschko den Einsatz von Bäckerhefe empfiehlt, habe ich mich aufgrund eines eingehenden Studiums verschiedenster Unterlagen für den Pollenersatz durch Sojamehl entschieden.

Zuckerteig-Herstellung

Die Herstellung des Zuckerteiges mit einer heute sehr günstig zu erwerbenden Beton-Mischmaschine ist einfach und rasch. Pro Ladung können 25 kg Zucker verarbeitet werden, und das Mischen dauert kaum mehr als 5 bis 10 Minuten. Als Rezept hat sich folgende Mischung bei mir bewährt: 25 kg Kristallzucker werden trocken mit 6 kg Sojamehl (getoastet und möglichst teilentfettet) gemischt. Nebenbei wird 100 g Zitronensäurepulver mit 3,5 l warmen Wasser gemischt und anschließend langsam dem Zucker-/Soja-Gemisch zugegeben. Der Teig erhält bald eine leicht krümelige Struktur, die bereits für die Lagerung fertig ist.

Zuckerteig mit einem Anteil an Sojymehl und mit wässriger Zitronensäure wird im Betonmischer in die richtige, krümelige Konsistenz gebracht. Es können 25 kg Zucker auf einmal verarbeitet werden. Der Teig muss danach mindestens 3 Tage ruhen, damit der Zucker invertiert werden kann.

Der Einsatz von wässriger Zitronensäure hat zwei Vorteile. Zum einem bekommt der Teig einen leicht säuerlichen Geschmack, was näher am Honiggeschmack liegt. Zum anderen spaltet sich die Saccharose des Kristallzuckers im Beisein von wässriger Säure langsam in die einfacheren Zucker Fruktose und Glukose auf; es findet also eine Invertierung statt. Invertzucker kann von den Bienen besser und einfacher verdaut werden und hat eine weichere Konsistenz (ähnlich wie Marzipan, das ebenfalls wesentlich aus Invertzucker besteht). Meine Bienen haben sich jeweils sofort an den Abbau dieses proteinhaltigen Zuckerteiges gemacht. Gerade im schon genannten Buch „Naturgemäße Bienenzucht", aber auch in anderen Publikationen aus den USA wird darauf hingewiesen, dass Bienen, deren Proteingehalt im Körper im Herbst durch die Winterfütterung nicht abgebaut wird, gesünder und krankheitsresistenter durch die kalte Jahreszeit gehen.

Kälte und Feuchtigkeit

Kälteisolation seitlich und oben

Im Winter sollte auf eine gute Kälteisolation geachtet werden. Hier leisten die Isolationswaben am Rande der Völker wertvolle Dienste. Oben auf das Volk sollte eine dicke Styroporplatte gelegt werden, da ja die meiste Wärme nach oben entweicht. Die vorgeschlagene zusätzliche Isolation auch an den Seiten, wo die Rahmenohren aufliegen, dürfte sich hier als Vorteil erweisen. Das Volk ist so von allen vier Seiten isoliert eingepackt und vor Kälte geschützt. Wie bereits weiter oben beschrieben, kommen dazu noch allfällige Ausfüllungen wegen fehlender Waben.

Feuchtigkeitsregulierung

Auch die Feuchtigkeit ist wichtig. Sie sollte weder zu tief noch zu hoch sein. Eine gewisse Feuchtigkeit benötigen die Bienen, um den kandierten Honig aus den Zellen zu lösen; zu hohe Feuchtigkeit führt dazu, dass das Volk viel mehr Wärme produzieren muss und darum möglicherweise den Wintervorrat schon vorzeitig verbraucht. Hunger und Völkerverlust sind dann zu befürchten.

Ideal sind Materialien, die sowohl Feuchtigkeit aufnehmen als auch abgeben können. In diesem Sinn sind die Bananenschachtel-Ablegerkästen sehr gut. Der Karton wird zu hohe Feuchtigkeit wie ein Schwamm aufnehmen und diese dann aber auch wieder langsam abgeben. Bei den normalen Magazinen kann für diese Regulierung anstelle des Zeitungspapiers auch eine Weichpavatex-Platte verwendet werden. Diese isoliert sehr gut, kann aber auch Feuchtigkeit speichern und wieder abgeben.

Die Feuchtigkeit wird dort auskondensieren, wo die kälteste Luft ist, das ist in erster Linie beim Flugloch. Es wird empfohlen, dieses in der ganzen Breite offen zu halten, in der Höhe jedoch auf maximal 7 mm zu beschränken, damit keine Mäuse ins Volk eindringen können. Sind rundherum die Isolationsplatten angebracht (teils fest, teils mittels der Isolierwaben), so fällt dort die Feuchtigkeit in der Regel hinter der Isolation aus.

Lagerung der Zargen

Lagerung der Brutzargen

Die Lagerung der übrig gebliebenen Brutzargen erfolgt in den Bananenschachtel-Magazinen, die nicht für die Ableger verwendet wurden. Die Schachteln lassen sich sehr gut stapeln. Wenn die Plastikfolie am Boden und der Karton am Deckel entfernt werden, ist für eine gute Belüftung gesorgt, so dass sich auch die Wachsmotte nicht sehr gerne in den Waben niederläßt. Voraussetzung ist, dass die Luftzufuhr sowohl am Boden als auch am Deckel sichergestellt wird.

Honigzargen

Die Honigzargen mit den Waben und Rahmen werden als Kamine gelagert. Wichtig ist, dass die Honigwaben gut und trocken ausgefressen und zur gleichen Zeit von den Bienen repariert wurden. Am Boden muss ein Bock aufgestellt werden, der den Zargenkamin vom Gras oder im Winter vom Schnee fernhält und die Luftzufuhr sicherstellt. Dann sollten so viele Honigzargen aufgeschichtet werden wie möglich. Oben soll eine Vorrichtung angebracht werden, die den Luftaustritt gewährleistet. Es folgt das regensichere Dach aus Aluminiumblech.

Durch den Kamineffekt, der umso besser wird, je höher der Kamin ist, wird ein laufender Luftzug erzeugt, der die Wachsmotte abhält, darin zu leben oder Eier zu legen. Diese Motten bevorzugen ruhig stehende Luft und meiden Durchzug. Da die Honigzargen im System Gettich auch nie Brut enthielten, ist die Attraktivität für die Wachsmotten schon von Grund auf sehr beschränkt, da keine lebenswichtigen Proteine auf den Waben vorhanden sind.

Skandinavisch Einwintern

Als Alternative zur oben geschilderten Einwinterung soll die skandinavische Methode erwähnt werden, die allenfalls geprüft und getestet werden sollte. Mit dieser Methode versuchen skandinavische Imker sicherzustellen, dass das Volk auf gesunden und hygienischen Waben überwintert.

Weniger Krankheiten und eine gute Varroa-Dezimierung sind die Folgen. Die Arbeitsabfolge ist wie folgt, dabei wird in zwei Schritten zuerst der eine Teil der Völker, dann der andere umgestellt.

1. Königin suchen, in einen Behälter sperren und wegtun, damit ihr nichts geschieht.
2. Neue leere Brutzarge an die Stelle der bisherigen setzen, jedoch auf einen Absperrgitterrahmen, damit die Königin später auf jeden Fall in der Zarge bleibt und nicht absteigen kann. Alle Bienen (mit Sommerbienen) von der alten in die neue

Betriebsweise im Verlauf des Jahres

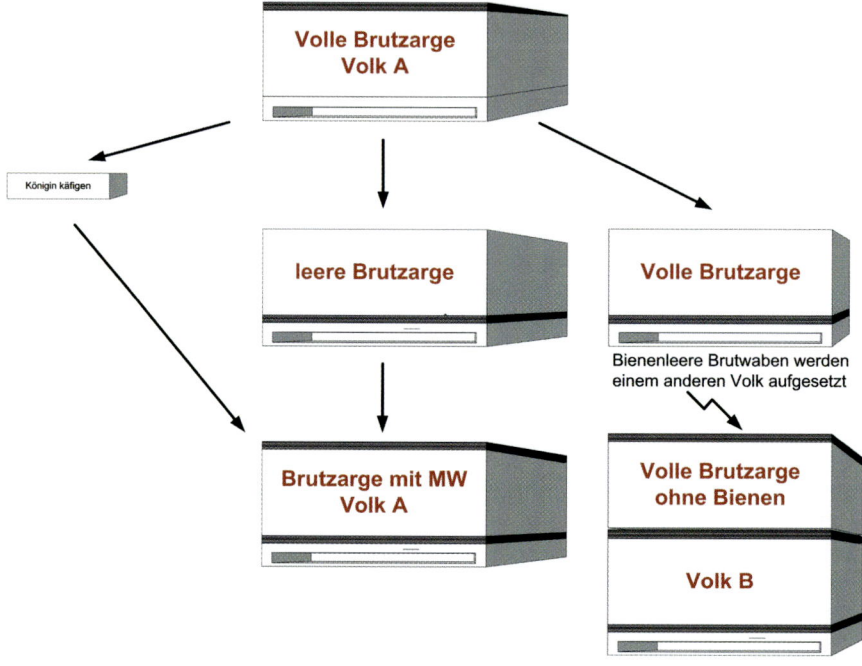

Darstellung des Vorgehens beim skandinavischen Einwintern mit totalem Wabenneubau. Dadurch kann eine wirksame Varroa-Verminderung erreicht werden. Wichtig ist ein guter Futterstrom, so dass die Waben rasch und gut ausgebaut werden.

Brutzarge wischen und die bienenleeren Brutwaben in eine andere, bereitgestellte Brutzarge hängen. Diese immer wieder sofort mit einem Plastik abdecken, damit keine Bienen zurück auf die Brutwaben fliegen.
3. Nun die neuen Waben mit Mittelwänden in die leere, mit Bienen gefüllte Brutzarge einführen.
4. Die Königin wieder dem Volk zusetzen.
5. Sehr stark füttern, damit die Mittelwände sofort ausgebaut werden und neue Brut kommt.
6. Die Brutzarge mit den vollen Brutwaben wird nun einem anderen Volk auf einem Absperrgitterrahmen zugestellt, damit die Bienen dort schlüpfen können, von der Königin aber keine neue Brut angelegt wird. Dieses Volk kann in einer zweiten Phase auf neue Mittelwände umgestellt werden.

Zuchtauslese der Königinnen

Allgemeines

Die Zuchtauslese der Königin für die Weiterzucht ist sehr wichtig. Sie bestimmt wesentlich,
- ob die Königin von kleinerer Körpergröße ist und ob ihr Volk die 4,9 mm kleinen Brutzellen gut ausbaut,
- ob das Brutnest die gesamte Wabenfläche ausnutzt,
- ob sich das Volk durch gute Hygiene gegen Krankheiten weitgehend selbst schützen kann,
- ob sich die Entwicklung des Volkes im Frühling rasch vollzieht und es als starkes Volk allein durch die Trachtzeit geht,
- ob das Volk ruhig auf den Waben sitzen bleibt,
- ob das Volk kein Stecher ist,
- ob es zum Schwärmen neigt und
- wann die Königin mit der Eierablage im Herbst aufhört.

Viele Ableger zur Auswahl

Solange nicht künstlich befruchtet wird, hat der Imker nur einen sehr beschränkten Einfluss auf die Zucht. Er kann zwar reinrassige Königinnen kaufen, doch deren Nachkommen werden wahrscheinlich von unbekannten Drohnen aus der Umgebung

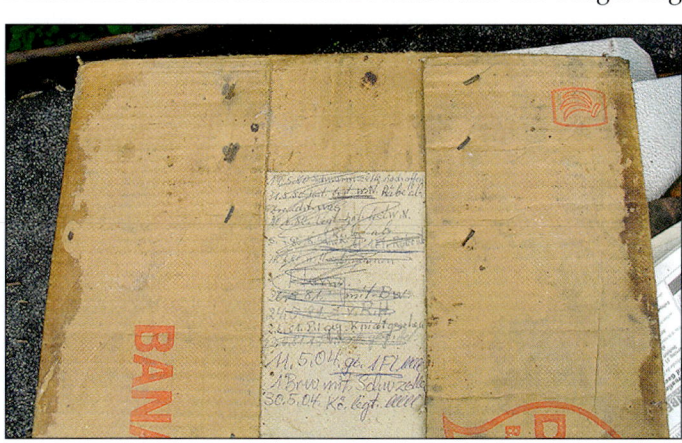

Emanuel Gettich führt seine Notizen immer direkt auf dem Volk auf einem Halbkarton. Ein Kugelschreiber gehört zu seiner Standardausrüstung, wenn er zu seinen Bienen geht.

des Standortes begattet. Es gilt daher zuerst die Leistung der Königin zu begutachten, bevor entschieden wird, ob das Volk weiter geführt wird, oder ob es zur Verstärkung eines anderen Volkes verwendet wird.

Diese Auswahl kann nur wirklich vollzogen werden, wenn eine möglichst große Anzahl an Ablegern gebildet wird. Diese können gut verglichen werden, da sie ja praktisch mit identischen Umweltbedingungen wachsen. Es gilt also, die in den Völkern entstehenden natürlichen Weiselzellen möglichst vollständig für die Bildung von Ablegern zu nutzen. Dabei muss allerdings die Gefahr der Zucht von schwarmfreudigen Königinnen beachtet werden.

Notizen als Basis

Formen der Informationshaltung

Basis für den Vergleich der Völker ist eine gute Dokumentation über deren Entwicklung. Gettich hat deshalb bei jedem Volk auf der Plastikfolie mit einem Reißnagel einen Karton befestigt, worauf er bei jedem Pflegeeingriff die Maßnahme notiert und auch, wie sich das Volk seit der letzten Sichtung entwickelt hat.

Ich selbst bevorzuge ein Buch, in das ich alle wichtigen Informationen notiere. Es dient mir auch für die Aufzeichnungen, die in der Schweiz von Gesetzes wegen in Bezug auf die Selbstkontrolle verlangt werden. Dazu führe ich jeweils kurze Notizen, wenn ich an den Völkern arbeite, und übertrage diese später in meine Sammlung. Es ist eine wertvolle Quelle an Erkenntnis, die ich auch an Abenden oder im Winter noch einmal aufnehmen und überdenken kann.

Zweck der Notizen

Der hauptsächliche Zweck der Notizen ist die Sammlung von Informationen zu den Völkern, damit der Imker selbst aufgrund guter Grundlagen Entscheidungen für die zukünftige Betriebsführung treffen kann. In der Schweiz ist zudem vom Lebensmittelgesetz her vorgeschrieben, dass Daten zur Risikoanalyse und Betriebsführung allgemein erhoben und festgehalten werden müssen.

Die Notizen sollten aber auch dazu dienen, allfällige neue Entdeckungen oder Entwicklungen so zu dokumentieren, dass andere Imker diese nachvollziehen und überprüfen könnten. So ist der Verlauf einer Zell-Regression von großen zu kleinen Zellen sehr interessant. Während dieser Zeit sollte regelmäßig und möglichst genau aufgeschrieben werden, wie und wo neue Mittelwände gegeben wurden, wann und wie gut diese ausgebaut wurden und wie sich die Situation bezüglich der Varroa entwickelte. Diese Informationen werden z. B. von Instituten zur Erforschung der Bienen benötigt. Forschungsprojekte können ihre Untersuchungen sehr oft nur über einen relativ kurzen Zeitraum anstellen, und so fehlen oft Informationen zur langfristigen Auswirkung und Entwicklung von neuen Betriebsarten. Dieses Bedürfnis wird z. B. in einem schwedischen Bericht über die Suche nach Züchtungen oder Betriebsarten für eine chemikalienfreie Betriebsführung trotz Varroa, den die EU mitfinanziert hatte, deutlich zum Ausdruck gebracht.

Inhalt der Notizen

Grundsätzliche Informationen
Die Informationen, die zu jedem Volk erfasst werden sollen sind:
- Abstammung der Königin, besonders der Fragen: Woher wurde sie bezogen?, Schlupfjahr?
- Wann wurde Ableger/Schwarm im Magazin einlogiert?
- Wie wurde gefüttert?
- Wann wurden allenfalls neue Waben oder Mittelwände gegeben?
- Wie entwickelt sich das Volk?
- Wann wurden wie viele Honigaufsätze gegeben?
- Wann wurde wie viel Honig geerntet?
- Wann und wie wurde das Volk gefüttert?
- Wann und wie wurden Behandlungen gegen Varroa oder andere Krankheiten durchgeführt?
- Wann wurde Zuchtstoff entnommen?
- Welche Eigenschaften hat das Volk bezüglich
  - Wachstum des Volkes und Ausbau der Waben?
  - Wabenstetigkeit und Sanftmut der Bienen?
  - Hygieneverhalten?
  - Entwicklung im Frühjahr?
  - Bruteinstellung im Herbst?
  - Ausbau von kleinen Zellen, falls diese verwendet werden?
  - Verwendung der ganzen Fläche für die Brut?
  - Resistenz gegen die Varroa?

Informationen zur Betriebsweise
Wie bereits erwähnt, sind die Schweizer Imker verpflichtet, nicht nur einige der oben dargelegten Daten über die Völker aufzuschreiben, sondern auch die Betriebsweise zu

dokumentieren. Diese Verpflichtung wird aus dem Lebensmittelgesetz abgeleitet, wo verlangt wird, dass Hersteller von Lebensmitteln den Herstellungsprozess auf Risiken evaluieren und nachweisen müssen, dass die grundlegenden Hygienevorschriften beachtet werden.

Informationen bei neuen Versuchen

Schließlich kommen Informationen hinzu, die bei neuen Verfahren oder Versuchen erhoben und dokumentiert werden sollten. Diese Informationen sollten möglichst detailliert gesammelt werden. Da solche Daten stark davon abhängen, was neu ist, kann hier kein genauer Katalog aufgestellt werden, generell gehören aber dazu:
- Grundlage des Versuches, d. h. was wird bezweckt und welches Ziel soll erreicht werden?
- Wie ist die Ausgangslage?
- Maßnahmen und Datum, wann diese eingeleitet wurden.
- Regelmäßige Zwischenresultate möglichst in gleichen Intervallen.
- Wenn möglich, Hinzuziehung statistisch auswertbarer Daten; z. B. bei einer Varroa-Bekämpfung: Wie viele Varroen hatte das Volk vor der betreffenden Maßnahme und wie hat sich die Population danach entwickelt?
- Schlussresultat des Versuches und Erklärungen oder Lehren daraus.

AUSWAHLKRITERIEN

Ausbau von kleinen Zellen

Da die Zucht von reinrassigen Königinnen gegenwärtig auf den großen Brutzellen beruht und die großen Bienen in der Regel auch den Vorzug erhalten, kann durch Zukauf von solchen Königinnen keine Zucht für die kleinen Zellen vorgenommen werden. Im Gegenteil, diese Zuchtbemühungen auf dem eigenen Stand würden immer wieder torpediert.

Für den Imker, der sich für die kleinen 4,9 mm-Brutzellen entschieden hat, gilt es daher, sich hauptsächlich selbst mit neuen Königinnen zu versorgen und diese Auslese auch, aber nicht ausschließlich, im Hinblick auf die Fähigkeit, auf den kleinen Zellen zu brüten, zu betreiben. Es sei allerdings auf die von Erik Österlund in Schweden gezüchtete Elgon-Biene hingewiesen, die insbesondere auch für die Arbeit mit kleinen Zellen ausgewählt wurde.

Hygieneverhalten
Wichtigkeit der Hygiene

Für die Aufrechterhaltung eines gesunden Volkes ist das Hygieneverhalten desselben von großer Wichtigkeit. Aus mehreren Forschungsprojekten wurde die Erkenntnis gezogen, dass sich viele Bienenkrankheiten nur schlecht, wenn überhaupt, ausbreiten, wenn die Bienen eine aktive Reinigung des Nestes durchführen. Dieses Verhalten wirkt sich nicht nur auf „passive" Verschmutzer des Nestes aus, sondern auch auf „aktive" Schädlinge, wie die Wachsmotte, die Varroa-Milbe oder in Zukunft den Kleinen Beutenkäfer.

Nadeltest-Methode zur Bestimmung des Hygieneverhaltens in einem Bienenvolk. Statt der 7er-Gruppen können natürlich auch ganze Flächen mit 50 Zellen behandelt werden. Solche Flächen ohne Leerzellen sind aber weniger oft zu finden. Links nach Kennzeichnung und Abstechen der Larven, rechts 24 Stunden später, alle Zellen sind ausgeräumt.

Besonders wichtig ist, dass kranke oder gar tote Bienen und Larven von den Arbeiterinnen rasch aus dem Volk entfernt werden.

Das SMR (Supressed Mite Reproduction) Projekt in den USA hat ergeben, dass ein aktives Hygieneverhalten auch dafür sorgt, dass mit Milben befallene Brutzellen entfernt bzw. gereinigt werden. Entsprechend gezüchtete Bienen konnten damit den Schädling fast ganz aus dem Stock verbannen.

Testmethode für das Hygieneverhalten

Am besten wird das Verhalten mittels künstlicher und kontrollierter Umgebung getestet. Dazu wird eine Brutwabe ausgewählt, die verdeckelte Arbeiterinnenbrut enthält. Die Methode testet, ob und in welcher Zeit die Bienen tote Larven ausräumen. Dabei sind zwei „Stadien" des Reinigungsverhaltens erkennbar. Im guten Fall werden die Bienen tote Larven entdecken, deren Zelldeckel entfernen und die tote Larve anschließend ausräumen und aus dem Volk entfernen. Im weniger guten Fall wird nur die Zelle entdeckelt, aber die Larve wird innerhalb einer nützlichen Frist nicht aktiv entfernt. Bereits damit würden aber allfällige Varroa-Milben absterben.

Vorgehen für den Nadeltest zur Überprüfung des Hygieneverhaltens:
- Eine Brutwabe mit frisch gedeckelter Brut wird entnommen.
- Auf dieser Wabe werden 49 Zellen mit einer dünnen Stecknadel durchstochen, wobei darauf geachtet werden muss, dass nur ein einzelnes Loch entsteht. Mit der Nadel werden durch dasselbe Loch 2 bis 3 Stiche in verschiedener Richtung in die Larve gemacht, so dass sie abgetötet wird.
   Wie in der Grafik ersichtlich, werden dafür 7 Gruppen von je 7 Zellen ausgewählt, die oberhalb mit einem hellen Marker gekennzeichnet werden.
- Die Brutwabe wird wieder an ihre alte Stelle gehängt.
- Nach 24 und nach 48 Stunden wird die Wabe kontrolliert und jeweils dokumentiert, wie viele der Zellen entdeckelt und wie viele der Larven schon ausgeräumt sind.
- Diese Tests werden in einem Volk ca. 3 bis 4 Mal in aufeinander folgenden Monaten wiederholt.

Auswertung und Zuchtwürdigkeit

Entsprechende Forschungsarbeiten in den USA und in Argentinien haben ergeben, dass sich die Hygiene sehr gut weitervererben lässt und auch bei unkontrollierten Begattungen auf junge Völker übertragen wird. Jene Forscher hatten Königinnen als zuchtwürdig ausgewählt, deren Arbeiterinnen mindestens 80 % der präparierten toten Larven innerhalb von 24 Stunden aus dem Stock entfernt hatten.

In anderen Berichten wird eine Königin als zuchtwürdig bezeichnet, wenn mindestens 90 % der toten Larven vollständig entfernt wurden. Hierzu ist anzumerken, dass

Bei der Pressing-Methode ist es wichtig, dass die Königin die Brutwaben bis außen hin ausnützt und keine breiten Honiggürtel entstehen.

ZUCHTAUSLESE DER KÖNIGINNEN

es Jahre geben kann, wo nicht einmal die 80 % von einer genügenden Anzahl Völker erreicht werden. Es ist also auch hier, wie in vielen Fällen in der Imkerei, auf die konkreten Umstände Rücksicht zu nehmen. Dabei hilft der Vergleich der Testergebnisse von verschiedenen Völkern des gleichen Standes, die zeitgleich getestet werden.

Ausnutzung der gesamten Brutfläche

Im Pressing-System ist es auch sehr wichtig, dass die Königin die gesamte zur Verfügung stehende Brutfläche möglichst weit bis in die Ecken ausnutzt. Auf den Brutwaben soll nicht Honig gelagert, sondern Brut gezüchtet werden. Für den Honig stehen die Honigwaben zur Verfügung.

Gettich nimmt daher die Willigkeit der Königin, möglichst die gesamte Brutwabe auszunutzen und möglichst auch die gesamte Brutzarge mit Brut zu füllen, als Auswahlkriterium für seine Wirtschaftsköniginnen.

Diese Königin ist von Emanuel Gettich als mögliche Regentin eines Stechvolkes markiert worden. Noch ist das Schicksal nicht besiegelt, doch wenn der Eindruck weiter bestehen bleibt, dass hier ein Stecher steht, so wird die Königin bei nächster Gelegenheit ausgewechselt.

Ruhige und sanftmütige Völker

Jeder Imker liebt ruhige Bienen und meidet Stecher. Wenn bei Gettich ein Volk durch aggressives Verhalten auffällt, dann wird auf den Karton das Wort „Rübe" notiert. Nun hat es eine zweite Chance und wird weiter gepflegt. Sollte es sich aber noch einmal als aggressiv erweisen, so ergänzt Gettich die Karte mit „… ab". Bei einer der nächsten Gelegenheiten wird diese Königin ausgemerzt.

Natürlich werden auch besonders gute Völker mit den entsprechenden Kommentaren versehen, um die Auswahl der Zuchtköniginnen dann auf guter Grundlage machen zu können.

Rasche Entwicklung im Frühling

Um die Frühjahrstracht möglichst gut nutzen zu können, ist es wichtig, dass sich das Volk im Frühling rasch entwickelt. Selbstverständlich hängt dies auch wesentlich davon ab, wie das Volk den Winter überlebt hat und ob Schädlinge oder Krankheiten die Entwicklung verzögern. Trotzdem können durch einen Vergleich mit ähnlichen Völkern Rückschlüsse darauf gezogen werden, ob eine Königin rasch mit einer Ausdehnung des Brutnestes in den Frühling geht, oder ob sie das Brutnest nur langsam ausbaut.

Gerade im Hinblick darauf, dass die Blüte in den vergangenen Jahren eher früher gekommen ist, ist eine frühzeitige Entwicklung der Völker von besonderer Wichtigkeit. Für die Auswahl der Zuchtköniginnen sollte daher dieser Aspekt auch eine wichtige Rolle spielen.

Frühe Bruteinstellung

Ein weiteres Kriterium ist eine frühe Bruteinstellung. Königinnen, die möglichst schon im August oder frühen September keine neue Brut mehr machen, werden von Gettich bevorzugt. Diese geben dem Volk Zeit, sich wieder zu regenerieren. Zudem wird diese lange Brutpause dazu führen, dass sich auch die Varroa-Milbe nicht mehr weitervermehren und in der brutfreien Zeit wirksam bekämpft werden kann.

Schwärme

Schwärme sollten verhindert werden

Schwärme sind ein Ausdruck eines vitalen und lebendigen Volkes, deshalb stellen sich verschiedene Imker hinter den Schwarmtrieb und lehnen die Verhinderung der Schwärme ab. Diese Sichtweise berücksichtigt vielleicht die natürliche Vermehrung der Honigbiene besser, doch ist sie einer ertragreichen Imkerei, und nur so wird die Imkerei weiterhin überleben, nicht förderlich. Ein Volk in Schwarmstimmung wird schon einige Zeit vor dem Schwarm seine Leistung in Bezug auf das Einbringen und Speichern neuen Honigs deutlich reduzieren, es wird sich auf den großen Tag des Auszuges vorbereiten. Auch die „alte" Königin wird nicht mehr gleich gefüttert, denn sie soll abnehmen, damit sie sich der Strapaze des Schwarmfluges stellen kann. Da die Schwarmzeit leider (aber natürlicherweise) genau mit der Zeit der besten Blütentracht in Übereinstimmung ist, verliert der Imker bedeutende Erträge aus seiner Bienenhaltung. Deshalb ist die Forderung nach einer konsequenten Verhinderung des Schwarmtriebes durchaus sinnvoll.

Gründe für das Schwärmen

Die Hauptgründe für die Tendenz eines Volkes zu schwärmen sind:
- Der Bienenkasten ist übervölkert,
- die Königin kann wegen Platzmangel nicht mehr legen,
- der Raum für das Brutnest wird zu eng,
- die Stocklüftung ist ungenügend,
- im ungünstigen Fall: wenn das Volk hungert.

Alle diese Gründe können vom Imker mehr oder weniger gesteuert werden. Für die Imkerei mit der Pressing-Methode sind vor allem die drei mittleren Punkte besonders zu beachten.

Legeplatzmangel und Raum für Brut

Die Pressing-Methode basiert auf der Idee, dass der Königin nur eine einzige Brutzarge zur Verfügung gestellt wird und alle anderen Zargen Honigzargen sind, die nicht für die Bruttätigkeit offen sind, weshalb ja mit einem Absperrgitter gearbeitet wird.

Gemäß der Tabelle auf Seite 87 enthält eine Brutwabe im Zandermaß und mit kleinen Brutzellen rund 7,315 Zellen. In der Zarge mit 13 Brutwaben gibt es daher Platz für rund 95.000 Zellen. Nimmt man an, dass eine Königin bei guter Legetätigkeit max. 3.000 bis 4.000 Eier pro Tag legt, so braucht sie in 22 Tagen (21 Tage Entwicklungszeit vom Ei zur erwachsenen Biene + 1 Reservetag) rund 88.000 Zellen.

Vorausgesetzt, dass unsere Königin die vorhandene Fläche wirklich gut ausnützt, so genügt demnach die Fläche im quadratischen Zandermagazin gemäß der hier vorgestellten Methode sogar einer sehr gut legenden Königin. Wie bereits weiter oben berechnet, kann sich auch das Volk genügend entwickeln, indem theoretisch bei einer Lebensdauer von durchschnittlich 30 Tagen für eine Arbeiterin eine Volksstärke von rund 135.000 Bienen erreicht werden kann.

Diese Berechnungen zeigen, dass auch bei einer gut legenden Königin kein Legeplatzmangel vorkommen sollte und auch für die Brut genügend Platz vorhanden ist. Trotzdem empfiehlt es sich, die Brutzarge auf Weiselzellen zu kontrollieren. Da wir nur eine einzige Brutzarge pro Volk haben, ist diese Kontrolle rasch gemacht, da die schwarmgefährlichen Weiselzellen in der Regel meist unten an den Wabenrahmen befestigt werden. Weiselzellen auf der Brutwabe selbst sind meist ein Zeichen einer stillen Umweiselung und daher kein Grund für Besorgnis.

Ungenügende Belüftung des Stockes

Bei der Pressing-Methode bauen wir andererseits auch höhere Türme, da teils mehrere Völker übereinander gestellt werden und obenauf noch eine unbestimmte, teils aber größere Anzahl von Honigzargen gestellt sind. Damit in dieser Situation eine gute Luftzirkulation gewährleistet werden kann, sollte auch im oberen Teil eine Luftöffnung vorhanden sein. Dies kann z. B. ein zusätzliches Flugloch bei den Honigzargen sein. Damit kann gleich auch ein weiteres Problem gelöst werden – die sonst eher langen Wege für die Sammlerinnen bis zu den Honigzellen.

Technik der Schwarmverhinderung

Die Einzelheiten zur Schwarmverhinderung wurden bereits weiter oben beschrieben. Es soll daher hier nur noch einmal eine kurze Zusammenfassung gegeben werden:
- Regelmäßige Kontrolle auf Schwarmzellen an der Unterseite der Brutzarge während der Monate April bis Juni.
- Gegebenenfalls Austausch mit einem vorbereiteten Ableger durchführen, um bereits vorhandenen Schwarmdrang zu unterbinden.

Schwarmarten

Nicht jeder Schwarm ist gleich zu behandeln. Daher ist es wichtig, dass der Schwarm und möglichst auch die Königin beurteilt werden.

Vorschwarm

Ein Vorschwarm wird meist von der „alten" Stockmutter begleitet, die der jungen Königin in ihrem ursprünglichen Nest Platz gemacht hat. Vorschwärme sind daher auch meist größer als Nachschwärme und können 30 % bis 70 % der ursprünglichen Volksstärke ausmachen. Die starken Pheromone der Königin beruhigen das Volk, und der Schwarm wird daher ein weniger nervöses Bild abgeben.

Vorschwärme fliegen oft auch nicht so weit und lassen sich in der Regel an einem tiefer hängenden Ast oder in einem Strauch nieder.

Nachdem ein Vorschwarm wieder ein neues Zuhause gefunden hat, wird die Königin sofort mit der Eiablage fortfahren. Bereits nach 10 Tagen werden daher in der Regel die ersten gedeckelten Brutzellen zu finden sein.

Nachschwarm

Nachschwärme sind in der Regel von unbegatteten Königinnen begleitet. Hier kann es durchaus auch vorkommen, dass mehrere Königinnen im Schwarm vorhanden sind. Dann ist der Schwarm auch größer. Sonst kann ein Nachschwarm auch nur 1 Pfund wiegen und daher aus rund 5000 Bienen bestehen.

Ein solcher Schwarm fliegt weiter und wird sich oft auf höheren Bäumen oder Gebäuden niederlassen. Der Aufwand und das Risiko, einen solchen Schwarm zu fangen ist daher höher, der Ertrag niedriger als bei einem Vorschwarm.

Es lohnt sich, die Traube des Schwarms genauer zu betrachten. Sind mehrere Königinnen im Schwarm vorhanden, so wandern diese umher und können auf der Außenseite der Traube entdeckt werden. Königinnen, die sich ihrer Sache sicher und daher wahrscheinlich qualitativ besser sind, werden die Flügel sauber geordnet auf dem Rücken tragen. Königinnen, die nervös sind, werden die Flügel eher abstehend haben, jederzeit zum Abflug bereit.

Singerschwarm

Der Singerschwarm ist eine Spezialität des Vorschwarms. In diesem Fall ist die alte Königin schon vor dem Schwärmen gestorben und die erste geschlüpfte Jungkönigin wird den Stock mit dem Vorschwarm verlassen. Solche Schwärme sind daher ebenfalls groß, aber sie werden auch eher an höheren Orten zu finden sein.

Da der Singerschwarm von einer Jungkönigin begleitet ist, ist diese noch nicht begattet und wird daher auch erst später mit der Eiablage beginnen.

Hungerschwarm

Ein Hungerschwarm sollte bei einem Imker nicht vorkommen, denn hier zieht ein Volk aus, weil es zu wenig Nahrung findet und stark hungert.

Einfangen des Schwarmes

Leider wird in der Imkerliteratur nur selten über den eigentlichen Akt des Einfangens eines Bienenschwarmes geschrieben. Deshalb soll hier etwas ausführlicher auf diesen Teil der Imkerei eingegangen werden.

Praktische Hilfsmittel

In der Regel sind Schwärme nicht stechlustig und daher kann man sich ihnen ohne Anzug und Schleier nähern. Die Bienen eines Schwarmes können aber durchaus angriffslustig werden, wenn sie hungrig sind (z. B. wenn zu lange Zeit seit dem Ausziehen verstrichen ist) oder wenn man beim Fangen des Schwarmes die Bienen aufscheuchen muss und sie von der Königin getrennt werden. Dann ist es vorteilhaft, wenn Schleier und Anzug griffbereit sind. Weitere praktische Hilfsmittel für die Schwarmarbeit sind im Folgenden beschrieben.

Wasserzerstäuber

Ein Wasserzerstäuber ist für die Beruhigung der Bienen im Schwarm sehr nützlich. Wird dem Wasser zudem ein wenig Essig beigemischt, so dient dies auch dazu, den Eigengeruch des Imkers zu kaschieren, als Folge werden die Bienen deutlich weniger stechen. Ich verwende dazu roten Weinessig oder Obstessig. Beide werden von den Bienen gut aufgenommen.

Oft sieht man bei den Imkern verschiedenste Zerstäuber im Einsatz, die ein mühsames Pumpen für jeden Strahl benötigen. Besonders, wenn man viel Wasser vernebeln muss, führt dies bald dazu, dass die Kraft in der Hand nachlässt. Es empfiehlt sich da-

SCHWÄRME

her, einen Zerstäuber, der auf dem Luftdruckprinzip basiert, zu verwenden. Hier wird die Luft zuerst mit einer Pumpe in den Behälter gedrückt. Danach kann mittels einfachen Drucks auf einen Knopf ein feiner Nebel zerstäubt werden. Diese Zerstäuber fassen oft 1,5 bis 2 Liter Wasser, was ebenfalls ein großer Vorteil gegenüber den meist kleineren Pumpzerstäubern ist.

Schwarmfangkiste

Die Schwarmfangkiste ist wohl das gebräuchlichste Instrument, um einen Bienenschwarm einzufangen. Die Kiste sollte genügend groß sein, ältere Modelle in meinem Besitz sind da eher zu knapp bemessen. Wichtig ist auch, dass der Boden leicht abnehmbar ist, aber auch rasch und unkompliziert wieder befestigt werden kann. Ein System mit Metallriegeln ist hier eher hinderlich. Auch ein separates kleines Einflugloch auf der Stirnseite, das mit einem Zapfen verstopft werden kann, ist sehr nützlich, die nicht direkt eingefangenen Bienen werden durch dieses zur Königin schlüpfen.

Wichtig ist, dass mindestens eine Seite ein großes Lüftungsgitter aufweist. Dadurch wird das Verbrausen des Schwarmes wirksam verhindert und man kann leicht Wasser zur Kühlung oder Zuckerwasser zur leichten Fütterung einspritzen. Ein guter Traggriff an der Oberseite macht den Transport deutlich einfacher, idealerweise ist er aber so eingelassen, dass die Kiste auf den Deckel gestellt werden kann, ohne dass sie kippt.

PVC-Sack

Nicht immer hängt der Bienenschwarm so frei, dass man gut mit der Schwarmfangkiste darunter greifen kann. Oft verhindern Äste oder Ähnliches diesen freien Zugang. In diesem Fall ist ein PVC- oder Stoffsack nützlich. Oft wird auch ein normaler Plastik-

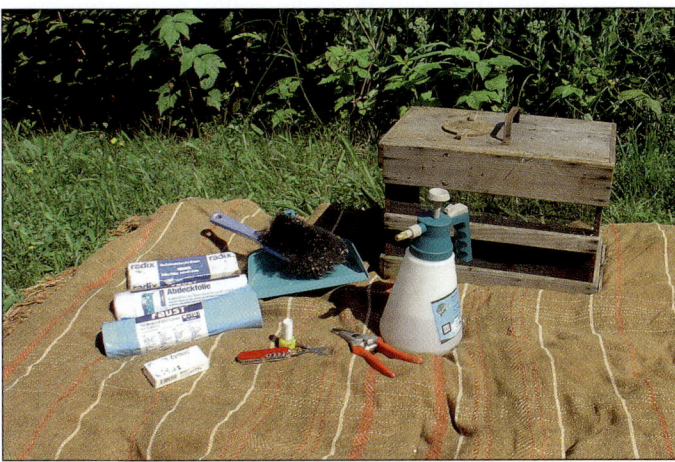

Ausrüstungsgegenstände für den Schwarmfang: Kehrichtsäcke, Abdeckfolien, Allergiemedikament und Schwefelschnitten (links), Scherchen (an Taschenmesser), Markierfarbe, Schaufel und Besen (Mitte), Astschere, Wasserzerstäuber und Schwarmkiste (rechts), das Ganze auf der schattenspendenden Decke. Es fehlt die sichere Aluminiumleiter und der Schwarmsack an der Teleskop-Stange.

Abfallsack verwendet. Dabei ist aber darauf zu achten, dass der Schwarm nur sehr kurze Dauer im Sack verbleiben darf, da er sonst wegen Luftmangels rasch verbrausen kann und nicht nur die Bienen elendiglich zugrunde gehen, sondern auch die ganze Arbeit umsonst ist.

Plastik-Abdeckfolien

Es gibt aber auch Fälle, wo nicht einmal ein Sack die Freiheit des Fängers ausreichend gewährleistet. Dies ist der Fall, wenn der Schwarm um einen Gegenstand herum angeordnet ist und daher nicht abgeklopft werden kann. In solchen Situationen haben sich Plastik-Abdeckfolien bewährt. Man kann diese unter dem Schwarm ausbreiten oder um einen Stamm oder Pfosten herumwickeln und damit eine Art Auffangwanne machen. Sind die Bienen darin, so kann ein Teil der Folie darübergelegt werden. In diesem Schlauch sind die Bienen gefangen und können nicht mehr entfliehen.

Wie beim Abfallsack aus Plastik ist auch hier Vorsicht geboten. Im Plastikschlauch herrscht Luftknappheit. Es empfiehlt sich daher, nur kleine Mengen an Bienen abzuwischen und die Folie immer wieder in eine Schwarmfangkiste zu entleeren. So wird der Schwarm Portion um Portion abgekehrt und in die Kiste gebracht.

Plastik-Abdeckfolien gibt es in vielen Heimwerkerläden beim Malerbedarf und eine Rolle ist recht günstig zu erstehen und hält lange.

Bürste und Schaufel

Um den Schwarm von einer Dachuntersicht abzulösen, ist eine kleine Kehrichtschaufel sehr nützlich. Mit ihr kann an flachen Oberflächen entlang gefahren werden und die ganze Schwarmtraube wird sich lösen und in die Kiste fallen. Falls die Oberfläche jedoch rund oder unregelmäßig sein sollte, muss eine Bürste zu Hilfe genommen werden. Ich verwende dazu gerne eine Tapeziererbürste, die normalerweise verwendet wird, um Tapeten flach zu streichen. Eine solche Bürste ist etwas stärker als eine normale Bienenbürste und kann auch eine größere Menge an Bienen rasch und zuverlässig abbürsten.

Stoffdecke

Nach dem Fangen des Schwarmes sollte die Fangkiste schattig und kühl hingestellt werden. Nicht immer ist dies möglich. In diesem Fall sollte die Kiste mit einem Tuch zugedeckt werden, das möglichst noch etwas befeuchtet wird, damit die Verdampfungskälte die Kiste kühl hält. Eine dunkle, leicht wassersaugende Stoffdecke ist daher ein gutes Hilfsmittel des Schwarmfanges.

Astschere

Hängt ein Bienenschwarm in einem Baum oder Strauch, so sind sehr oft kleinere oder dickere Äste für eine sichere und gute Fangarbeit im Weg. Es ist selbstverständlich, dass der Imker keine Schäden an einer Pflanze machen darf, aber oft schadet das Schneiden eines Astes dem Gehölz nicht. Für diese Schneidearbeit muss eine gute Astschere griffbereit sein, also gehört auch diese in das Instrumentenset eines Imkers.

Leiter

Viele Schwärme hängen in einigen Metern Höhe, und nur eine Leiter erlaubt dem Imker in die Nähe des Schwarmes zu kommen. Eine gute Leiter gehört daher sicher zur Grundausrüstung eines Imkers. Empfehlenswert ist eine Aluminium-Auszugsleiter, die eine Mindesthöhe von 4 bis 5 Meter erreichen sollte. Wichtig ist auch, dass sie einen guten und möglichst breiten Fuß hat, der nicht einsinken kann. Dazu dient bei vielen Leitern ein waagrechter Balken am Fußende.

Teleskop-Stange mit Fangsack

Um Schwarmtrauben zu fangen, die zwar frei hängen, aber mit einer Leiter nur schwer erreichbar sind, oder wo eine Leiter unsicher ist, dient eine lange Stange mit angebrachtem Schwarmfangsack. Für diesen Zweck gibt es gute Teleskop-Stangen aus Aluminium im Imkereihandel. Die Lösung eines Fangproblemes mit der langen Stange ist oft auch rascher und unkomplizierter als das Aufstellen einer Leiter.

Markierfarbe

Manchmal kann man im Schwarm die Königin erkennen und sogar herausfangen. In diesem Fall ist es vorteilhaft, wenn man sie gleich markieren kann. Dazu muss man natürlich die entsprechende Königinnenzeichenfarbe im Gepäck mitführen. Es soll aber nicht unerwähnt bleiben, dass einige Imker die Königinnen erst markieren, nachdem sie in Eilage sind. Es wird eingewendet, dass die Königin beim Hochzeitsflug mit einem bunten Punkt auf dem Rücken viel leichter eine Beute der Vögel werden kann. Dieser Einwand könnte berechtigt sein und jeder Imker soll für sich selbst entscheiden, wie er dazu steht.

Gift zur Abtötung eines Schwarmes

Kein Imker wird freiwillig und gerne einen Schwarm abtöten. In manchen Fällen ist dies aber leider nötig, nämlich dann, wenn sich der Schwarm in einem Haus an unzugänglicher Stelle ein Nest gesucht hat. Wird das Volk in einem solchen Falle am Leben gelassen, so besteht die Gefahr, dass es Bauschäden gibt oder dass Bienen sich immer

SCHWÄRME

wieder im Haus selbst verirren und die Bewohner drangsalieren. Solche Bewohner werden dann leider oft zu Bienengegnern, die gesellschaftlichen und politischen Schaden für den Imker bedeuten können (z. B. durch die Forderung nach einem Bienenbann in einer Gemeinde). Deshalb sollte es eine Pflicht des Imkers sein, eine saubere Arbeit zu leisten, auch wenn er keinen Gewinn in Form eines Schwarmes einbringen kann.

Pillen gegen Bienenstichallergie

Auch wenn die Bienen eines Schwarmes in der Regel nur selten stechen, kommen doch Stiche immer wieder vor. Meist wird man als Imker von einem Laien zu Hilfe gerufen und auch diese sind natürlich gefährdet. Aus diesem Grund empfiehlt es sich, eine Schachtel Pillen dabei zu haben, die man einem „Kunden" abgeben kann, wenn er gestochen wurde. Bei den Pillen ist jedoch zu beachten, dass diese ein Ablaufdatum besitzen, d. h. man muss sie gelegentlich wieder durch neue ersetzen.

Fangtechnik

Je nach Ort, wo sich der Schwarm niedergelassen hat, müssen verschiedene Techniken für dessen erfolgreiches Einfangen angewandt werden. In manchen Fällen hilft aber alle Technik nicht, wenn die Königin in einem Hohlraum ist, wo man keine Möglichkeit hat, sie einzufangen. In einem derartigen Fall bleibt nur noch, den Fang abzubrechen oder, wenn nötig, den Schwarm durch den Einsatz eines Giftes abzutöten.

Schwarm hängt frei zugänglich

Zum Glück gibt es viele Fälle, wo ein Schwarm als Traube an einem frei zugänglichen Ast oder in einem Busch gefunden wird. Hier hat es der Imker leicht, das ist der Standardfall, der von jedem Anfänger ohne viel Übung gemeistert werden kann. An dieser Stelle daher eine kurze Beschreibung des Ablaufes:

- Falls der Schwarm höher hängt, als man selbst ohne weiteres mit der Schwarmfangkiste hinreicht, muss die Leiter aufgestellt werden. Der Imker sollte sich immer mehrfach und sorgfältig davon überzeugen, dass die Leiter einen tadellosen Stand hat und nicht umkippen kann. Zu viele Unfälle passieren jedes Jahr durch Stürze von Leitern und nicht selten enden solche tragischen Unfälle sogar mit dem Tode.
- Nun soll sich der Imker selbst, d. h. Arme, Hals und Kopf mit dem leicht mit Essig vermischten Wasser einstäuben. Damit verliert er seinen Eigengeruch und wird die Bienen weniger anziehen.
- Dann die Schwarmtraube von allen Seiten mit demselben Wasser bestäuben. Das wird einerseits die Bienen abkühlen und beruhigen, andererseits riechen sie nun so wie der Imker. Jetzt wird die Scharmfangkiste vorbereitet. Man nimmt den Boden

weg und hält die Kiste am Griff am Deckel, jedoch mit dem Boden nach oben offen. Falls die Möglichkeit besteht, den Deckel in der Nähe der Schwarmtraube zu deponieren, sollte man dies vor dem Fang tun.
- Hängt der Schwarm an einem Ast, so brauchen wir nichts weiter, hängt er aber an einer Dachuntersicht, so brauchen wir eine kleine Kehrichtschaufel, womit wir die Traube von der Oberfläche abstechen können.
- Ich lege hier jeweils eine Proberunde ein, indem ich zuerst mit der Kiste, dann mit der Schaufel und schließlich mit beidem bewaffnet auf die Leiter steige, und mir die einzelnen Handgriffe genau plane und probiere (ohne die Bienen wirklich zu berühren). So bin ich mir sicher, dass alles gut geht, die Leiter sicher steht und ich alle nötigen Utensilien bereit halte.
- Schließlich wird es ernst. Man stellt sich knapp neben dem Schwarm unter diesen und hält die Schwarmfangkiste mit dem offenen Boden nach oben darunter. Wenn es ein Ast ist, gibt man mit der anderen Hand einen kräftigen Ruck auf den Ast. Die Bienen fallen dann in einer Traube sofort in die Kiste. Bei einer Dachuntersicht wird mit einem beherzten Stich mit der Schaufel die ganze Traube möglichst in einem Gang abgestrichen und fällt damit ebenfalls als Ganzes in die Kiste. Immer werden einige Bienen auffliegen, in der Regel sind diese jedoch harmlos und stechen nicht.
- Wenn man Gelegenheit hatte, den Kistenboden in der Nähe des Schwarmes hinzulegen, so nimmt man diesen sofort und schliesst die Kiste zu. Sonst muss man zuerst die Leiter heruntersteigen, wo man aber dann sofort den Boden anbringt.
- Nun muss eine kleine Öffnung in der Kiste aufgemacht werden und die Kiste möglichst etwas schattig und kühl (z. B. mit einem feuchten Tuch bedeckt) unter dem Fangort aufgestellt werden. War man erfolgreich und hat auch die Königin fangen können, werden im Verlauf von ein bis zwei Stunden die restlichen Bienen in die Kiste wandern.
- Jetzt sollte man ca. 15 bis 30 Minuten warten und die Bienen beobachten. Ist die Königin in der Kiste, so werden sich immer mehr Bienen am Flugloch sammeln und in die Kiste ziehen; ist die Königin nicht darin, so werden die Bienen in der Kiste unruhig und bald wird deutlich, dass viele Bienen wieder aus der Kiste ausziehen. Der Fangakt kann erneut beginnen.
- War der Fang erfolgreich, so wird die Kiste nun mit einer Visitenkarte markiert (sofern der Name des Imkers nicht schon darauf steht) und der Imker kann sich nun anderen Arbeiten widmen.
- Nach einer oder zwei Stunden kommt der Imker zurück und holt die Kiste samt Schwarm ab.

Schwieriger zugängliche Orte
Schwarm ist hoch, Leiter kann nicht aufgestellt werden
Kann ein Schwarm mit einer Leiter nicht gut erreicht werden, so sollte die Alternative mit der Stange und dem Fangsack geprüft werden. So musste ich einmal einen Schwarm

fangen, der direkt über einer stark befahrenen Strasse hing. Leider war ich damals nicht glücklicher Besitzer eines Fangsackes mit Stange. Die Polizei sah sich deshalb gezwungen, den Verkehr für rund eine Stunde zu regeln, während der ich den Schwarm aus über 5 Metern Höhe holen musste. Mit einer Teleskop-Stange wäre dies ein Kinderspiel gewesen.

So versuchte ich es mit der Leiter, aber die erwies sich als zu kurz. Die nächste Variante war das Tuch am Boden. Ich wählte statt des Bodens das Dach meines Autos. Dort breitete ich eine Plastikfolie aus und fuhr mit dem Auto möglichst genau unter die Schwarmtraube. Mit einem langen Ast, den ich in der Nähe gefunden hatte, stieg ich nun aufs Autodach und schlug kräftig an den Ast mit der Schwarmtraube. Diese fiel nun auf mein Auto herunter. Sofort suchte ich nach der Königin, die ich auch rasch entdeckte. Oft kann man sie an der raschen Ballung von Bienen erkennen. Die Königin wurde eingefangen und in die Schwarmfangkiste gesperrt. Dann faltete ich die Plastikfolie vorsichtig zusammen, damit ich möglichst viele der Bienen darin festhalten konnte, die ich ebenfalls in die Kiste versorgte, sprich: ich schüttete die Bienen aus dem Plastik in die Schwarmkiste, damit sie sich dort der Bienentraube um die Königin herum anschließen konnten. Schließlich versuchte ich mit der Folie noch möglichst viele weitere Bienen zusammenzufegen und in die Kiste zu bringen, bevor ich die Kiste mit offenem Flugloch zurückliess. Zwei Stunden später, kurz vor dem Eindunkeln, konnte ich einen schönen Schwarm mein Eigen nennen.

Schwarm kann nicht mit einer Kiste gefasst werden
Ein Schwarm kann sich an einem Ort befinden, der durch Geäst oder andere örtliche Umstände verhindert, dass der Imker den Schwarm einfach lösen und in eine Schwarmkiste verbringen kann. In diesem Fall muss der Imker auf andere Hilfsmittel zurückgreifen. Vorzuziehen ist dabei ein Sack, der dank seiner Flexibilität unter den Schwarm gebracht werden kann. Fallen die Bienen hinein, so kann er rasch geschlossen werden und es wird verhindert, dass die Tiere aufgeregt auffliegen. Kann auch der Sack nicht eingesetzt werden, weil z. B. die Bienen sich rund um einen Gegenstand angeordnet haben, so können noch die Plastikfolien verwendet werden, um die abgewischten Bienen aufzunehmen. Wichtig ist auf jeden Fall, dass die Bienen gut mit Wasser besprüht werden, damit sie rasch wieder ruhig sind. Mit der Folie werden die Bienen in kleineren Portionen abgewischt. Sobald sich ca. 100 bis 200 g Bienen darauf befinden, wird mit der Folie ein Schlauch gebildet, damit die Bienen nicht mehr abfliegen.

Im Plastiksack und auch in der Schlauchfolie können die Bienen rasch verbrausen, da wenig Luft dazukommt und dadurch auch die Wärme nicht abgeführt werden kann. Es ist daher wichtig, dass der Imker die Bienen so schnell wie möglich aus dem Sack oder der Folie schütteln kann. Als Auffangbehälter dient wieder die bewährte Schwarmkiste.

Schwarm ist sehr hoch

Befindet sich der Schwarm an einem sehr hohen Ort, z. B. in der Nähe eines Baumwipfels oder beim First eines Gebäudes, so begibt sich der Imker in große Gefahr. Es muss also sichergestellt werden, dass das Absturzrisiko minimiert wird. Allenfalls muss die Feuerwehr mit einer geeigneten langen Leiter angefordert werden.

Ist der Schwarm allerdings von unten gut erreichbar, so kann eine Teleskop-Stange mit Schwarmfangsack wertvolle Dienste leisten. Solche Stangen können bis zu 5 oder 6 Meter hoch eingesetzt werden, ohne dass der Imker den Boden verlässt.

Schwarm in einem Kamin

Nicht selten wird der Imker zu einem Schwarm gerufen, der sich in einem Kamin sein neues Heim bauen möchte. Hier kann meist nichts mehr für das Überleben des Schwarmes gemacht werden. Nur wenn der Imker den Schwarm noch gut erreichen kann, z. B. bei einem offenen Kamin, kann er versuchen die Bienen in einen Sack abzukehren. Die Gefahr besteht allerdings auch dann, dass sehr viele Bienen innerhalb des Hauses abfliegen, was die Bewohner kaum schätzen werden. Der Imker ist daher meist gezwungen, den Schwarm mit Gift abzutöten. Der Kamin ist auf jeden Fall freizumachen, denn sonst besteht akute Brandgefahr, wenn das nächste Mal ein Feuer angezündet wird.

Schwarm in einer Hauswand

Als letzte hier zu nennende Schwierigkeit soll der Fall angesprochen werden, bei dem sich die Bienen durch eine Ritze in den Hohlraum hinter einer Wand verkriechen können. Auch dieser Fall ist nicht selten. Ohne die Wand aufzubrechen, kann der Imker in einem solchen Fall nichts mehr für den Schwarm tun. Auch hier ist meist Gift das letzte Mittel, das es einzusetzen gilt. Auf jeden Fall ist der Hauseigentümer darauf aufmerksam zu machen, dass solche Ritzen sofort mit einem Kitt oder Silkonkleber verschlossen werden, damit in Zukunft keine Biene mehr diesen Hohlraum finden kann.

Wichtige Punkte zur Beachtung

Zum Abschluss noch einige wichtige Punkte zur Beachtung:
- **Schwarm aufmerksam beobachten**
  In der Literatur wird meist angegeben, dass ein Schwarm fast nie angreift, d. h. dass die Bienen kaum stechen. Dies stimmt nach der Erfahrung von Emanuel Gettich nur bedingt. Es gibt durchaus Schwärme, die schon bei kleinster Störung angreifen. Hier handelt es sich meist um Schwärme, die schon mehr als ein oder zwei Tage unter-

wegs waren und daher Hunger leiden. In diesem Fall ist es ratsam, die entsprechende Schutzausrüstung griffbereit zu haben.

- **Schwarm Raum geben**
Ein Schwarm kann rasch verbrausen und daran eingehen. Es ist daher wichtig, dass wir dem Schwarm seiner Größe entsprechend Raum geben. Dazu gehört auch eine gute Belüftung und am besten wird der Schwarm auch mit etwas Wassernebel abgekühlt und beruhigt. Dies wird auch gleichzeitig verhindern, dass der Schwarm Durst leidet.

Hygiene durch 3 Tage Isolation

Wer sich nicht wirklich sicher ist, dass es ein eigener Schwarm ist, der ist gut beraten, den Schwarm für die ersten 3 Tage kühl in einem Keller zu isolieren. Während dieser Zeit wird der im Honigmagen vorhandene Reiseproviant verbraucht und verdaut. Damit werden allfällige Sporen von Faul- oder Sauerbrut vernichtet. Diese Krankheiten könnten bei einer Einquartierung vor den 3 Ruhetagen ausbrechen; dann würde der übrig gebliebene Reiseproviant als Honig in die Zellen abgelagert und damit auch die entsprechenden Krankheitserreger. Nur deren Verdauung verhindert dies.

Hat der Schwarm mit seiner Unruhe und Stechlust angezeigt, dass er Hunger leidet, so ist er zuerst mit einer Wabe in seiner Isolationshaft zu füttern. Die 3 Tage Isolation werden in diesem Fall erst nach der Fütterung gezählt.

Schwarm einquartieren

Auch beim Einquartieren des Schwarmes sind verschiedene Fälle zu betrachten. Ein Vorschwarm mit einer begatteten Königin wird wenn möglich sofort mit der Eiablage beginnen, ein Nachschwarm dagegen wird für die Eiablage Zeit haben, die Königin muss erst auf den Begattungsflug. Unterschiede in der Behandlung kann auch das Wetter verlangen, während einer guten Trachtperiode kann auf das Zufüttern weitgehend verzichtet werden, bei Wetterprognosen mit schlechtem Wetter oder wenn keine gute Trachtgelegenheit vorhanden ist, muss der Schwarm gefüttert werden.

Einlaufenlassen des Schwarms

Nach der Isolationshaft wird der Schwarm Hunger haben und sich nach einer guten Unterkunft sehnen. Da kein Reiseproviant mehr vorhanden ist, fehlt auch der Wille, weiterzuziehen, sofern eine Höhle angeboten wird. Vor der Einquartierung wird daher eine Beute mit Boden, Brutzarge und Deckel gut gereinigt und abgeflammt, um auch hier hygienisch einwandfreie Zustände zu erhalten. Dann wird die Beute auf einen Sockel mit Vorteppich gestellt und mit Mittelwänden gefüllt. In die Mitte kommt noch eine ausgebaute Brutwabe mit offener Brut als Fangwabe.

Der Schwarm kann nun direkt vor dem geöffneten Flugloch auf den Teppich geleert werden. Königin und Bienen werden sofort den Geruch der offenen Brut aufnehmen und in die Beute laufen. Emanuel Gettich hat mit dieser Methode bisher immer Erfolg gehabt. Damit wird auch das Unruhe bringende Abklopfen der Schwarmkiste in die neue Beute umgangen.

Füttern oder nicht?

Sofern eine gute Tracht in der Nähe ist und auch die Wetterprognosen einen guten Flug erlauben, kann auf die Fütterung des Schwarmes verzichtet werden. Die Bienen werden sofort genügend Nektar sammeln, um die Mittelwände auszubauen. Der große Vorteil liegt darin, dass in diesem Fall kein Zuckerwasser als Futter verwendet wird, das später in die Honigräume umgelagert werden könnte. Ist die Tracht gut und reichlich, so könnte von einem solchen Schwarm später noch geerntet werden. Dies ist aber nicht zulässig, wenn vorher Zucker gefüttert wurde.

Wenn andererseits schlechte Wetterprognosen vorherrschen oder keine reiche Tracht mehr zu erwarten ist, muss der Schwarm gefüttert werden. Damit gibt man ihm die Möglichkeit, rasch seine Mittelwände auszubauen und Raum für neue Brut zu schaffen.

Mittelwände oder ausgebaute Waben

In der Regel wird ein Schwarm die Mittelwände sehr rasch ausbauen, bei guter Fütterung kann ein größerer Schwarm (ca. 2 kg oder mehr) schon innerhalb 2 oder 3 Tagen den ganzen Brutraum ausgebaut haben. Es ist also nicht nötig, dass er ausgebaute Waben erhält. Dies gilt ganz besonders für Nachschwärme. Eine einzelne, ausgebaute Brutwabe kann allerdings sehr gute Dienste leisten, wenn es zu erkennen gilt, ob es sich um eine begattete „Alt"-Königin handelt oder um eine noch unbegattete Königin. Die begattete Königin wird sofort mit der Eiablage beginnen und schon ca. 5 Tage nach der Einquartierung wird man neue Rundmaden finden.

Eine unbegattete Königin andererseits wird wahrscheinlich noch 2 bis 3 Tage im Kasten bleiben, um ihre Regentschaft zu sichern. Erst dann wird sie bei gutem Wetter auf den Hochzeitsflug gehen. Es wird weitere 6 bis 10 Tage dauern, bis sie mit der Eiablage beginnt, d. h. erst frühestens nach 10 Tagen wird man erste Eier finden.

Kleine Brutzellen

Brutzellen- und Bienengrösse

Die Größe der Bienen hängt im Wesentlichen von zwei Faktoren ab, nämlich von
- den genetischen Grundlagen und von
- der Größe der Brutzelle, in der sich die Biene entwickelt.

Der Imker kann daher auch auf zwei Arten Einfluss nehmen. Längerfristig und stabiler ist die genetische Anpassung der Bienengröße, kurzfristig kann aber durch entsprechende Veränderung des Grundmusters der Mittelwände mittels Größe der Brutzelle Einfluss genommen werden.

Geschichte der Brutzellengrösse

Aufgrund alter Unterlagen, die vor 1900 erstellt wurden, kann geschlossen werden, dass die Bienen damals einiges kleiner als heute waren. Da das Ausmessen der Bienen selbst sehr schwierig ist, wurden als Alternative dazu die Brutzellen gemessen. Die dazu verwendete Methode bestand darin, dass man 10 Zellen von senkrechter Wand zu senkrechter Wand gemessen hat und das Ergebnis durch 10 teilte. Folgende Maße wurden publiziert:

Heutige Bienen in Europa (künstliche Mittelwände)	5,40–5,70 mm
A. m. mellifera, England, ca. 1890 (Naturbau)[1]	4,72–5,36 mm
A. m. monicola, Kenia, 1989 (Naturbau)[2]	4,60–5,00 mm
Afrikanisierte Bienen, Brasilien, 1995 (Naturbau)[2]	4,60–4,90 mm

[1] nach Cowan (1898)
[2] nach Österlund (pers. Mtlg.)

Langstroth schrieb in seinem 1853 publizierten Buch „A Practical Treatise on the Hive and the Honey-Bee", dass er beobachtete, dass die Zellen der Arbeiterinnen kaum in der Größe variieren. Das Gleiche sei auch gültig für die Drohnenbrutzellen. Die Größe der Honigzellen falle hingegen sehr unterschiedlich aus und liege zwischen der der Arbeiterinnen- und der der Drohnenzellen. Daraus kann geschlossen werden, dass die Arbeiterinnenzellen gemäß der oben angegebenen Messung in England von 1890 eher bei 4,7 mm lag und der Durchmesser einer Drohnenzelle bei 5,4 mm. Im Buch ist auch eine Abbildung einer Brutwabe gezeichnet, von der erwähnt wird, dass sie in natürlicher Größe publiziert sei. Wird diese vermessen, so findet man eine durchschnittliche Größe von rund 5 mm. Die ersten Mittelwände wurden 1842 vom Deutschen Gottlieb Kretchmer hergestellt. Die ersten kommerziellen Mittelwände wurden 1876 von A. I. Root produziert. Im Buch „ABC of Bee Culture" von 1884, das von A. I. Root herausgegeben wurde, wird erwähnt, dass damals drei verschiedene Mittelwände produziert wurden, und zwar mit den Größen 6,35 mm, 5,64 mm und 5,08 mm (4, 4 1/2, und 5 Zellen pro Inch). Die Größe von 5,08 mm sei aber die beste für Brutzellen von Arbeiterinnen. Es wird auch erwähnt, dass die Königinnen kein Interesse hatten, in die Zellen von 5,64 mm Brut abzulegen. Die großen, 6,35 mm Zellen, wurden für die Drohnenbrut verwendet.

Die 1891 in Belgien produzierten Mittelwände hatten rund 4,6 bis 4,7 mm Zelldurchmesser. Die Imker in Belgien waren der Ansicht, dass aus Gründen der Sparsamkeit möglichst viele Zellen auf den Brutwaben stehen sollten. Diese sehr kleine Größe verursachte, dass die damaligen Bienen in Belgien zu klein wurden und Probleme mit der Gesundheit hatten.

Professor U. Baudoux aus Belgien schlug daher in einem Artikel 1893 vor, die Bienen größer zu züchten. Diese größeren Bienen sollten weiter fliegen können und wegen der längeren Honigrüssel auch eine größere Pflanzenvielfalt bedienen können. Er machte daher Experimente, wo er die Zellgröße von den vormals 4,6 mm auf rund 5,8 mm vergrößerte. Seine Resultate und Artikel wurden gut aufgenommen und in den 1930er Jah-

Messen der Zellgröße. Es werden 10 Zellen gemessen, um Unregelmäßigkeiten auszugleichen und die Länge besser ablesen zu können.

ren hatten fast alle Hersteller von Mittelwänden auf die größeren Arbeiterinnenzellen von rund 5.5 bis 5.6 mm umgestellt, die auch heute noch hauptsächlich verkauft werden.

Aus der frühen Literatur um 1900 geht auch hervor, dass damals die Imker bei der Zucht große Bienen bevorzugten. Dies hat sicher auch dazu beigetragen, dass in einer Ausgabe von 1938 des Buches „ABC of Bee Culture" erwähnt wird, dass 5,25 mm wohl die beste Größe sei. Später waren es die von Professor Baudoux vorgeschlagenen 5,6 mm. In den 50er und 60er Jahren des 20. Jahrhunderts ging man in Osteuropa noch weiter und versuchte die Zellen bis rund 6 mm auszudehnen. 5,9 mm bis 6,0 mm erwiesen sich als äußerste Grenze. Diese extrem großen Bienen waren aber nicht mehr wirtschaftlich und wahrscheinlich auch viel anfälliger für Krankheiten. Damit wurden diese Versuche schließlich aufgegeben.

Die Imker Dee und Ed Lusby aus Arizona erlitten nach 1986 große Völkerverluste durch die Tracheenmilbe. Sie imkerten streng biologisch und weigerten sich, chemische Schädlingsbekämpfungsmittel zu verwenden. Auf der Suche nach einer Lösung ihres Problems stießen sie auf die künstliche Vergrößerung der Brutzellen. Noch bevor sie daraus erste praktische Schlüsse zogen, kam der zweite Schlag: von den ursprünglich rund 1.000 Völkern blieben nach der Ankunft der Varroa im Frühjahr 1998 nur noch 104 übrig! Doch bereits im Jahr 1997 hatten die beiden Imker gehandelt und stellten die Völker radikal auf 4,9 mm Waben um. Heute haben die Lusbys wieder den früheren Völkerbestand und leiden weder unter der Tracheenmilbe noch unter der Varroa-Milbe, obwohl sie immer noch keinerlei chemische Mittel oder ätherische Öle verwenden.

Auch neueste Berichte von Imkern, die ab dem Jahr 2000 in Europa auf die kleinen Zellen umgestellt hatten, zeigen in dieselbe Richtung. Einige haben schon 4 bis 5 Jahre keine Bekämpfungsmittel gegen die Varroa-Milbe mehr eingesetzt und trotzdem keine Probleme. Angesichts dieses Erfolges stellt sich die Frage, warum die Bieneninstitute in dieser Angelegenheit nicht noch aktiver werden, sondern immer noch voll auf die chemische Bekämpfung der Varroa-Milbe setzen.

Zellarithmetik

Zellen pro Quadratdezimeter

Kleinere oder größere Zellen bedeuten nicht nur kleinere oder größere Bienen, sondern auch mehr oder weniger Zellen pro Flächeneinheit. Auch das Volumen nimmt mit der Größe zu. Zudem sind die Drohnenzellen ebenfalls entsprechend größer. Die entsprechenden Zahlen sind in der folgenden Tabelle aufgeführt. Wenn von der heute in Europa üblichen Größe von rund 5,5 mm ausgegangen und mit der angestrebten Größe von 4,9 mm verglichen wird, so zeigt die Tabelle auf, dass rund 25 % mehr Zellen auf

KLEINE BRUTZELLEN

der gleichen Fläche Platz finden. Nach dem Schlüpfen der Bienen sind damit auch rund 25 % mehr Bienen auf der Wabe für die Brutpflege vorhanden und können so das Brutklima besser und wärmer aufrechterhalten.

Zellen/dm² (beidseitig)	Zelldurchmesser (mm)	Zellvolumen (µl)	Durchmesser der Drohnenzellen
700	5,75	328	7,3
750	5,55	301	7,0
800	5,40	277	6,8
850	5,20	256	6,6
900	5,06	237	6,4
950	4,90	222	6,2
1000	4,80	206	6,1

Zellen pro Brutwabe

Diese Zahlen können nun auf die Brutwaben umgerechnet werden. Damit erhält man die auf der folgenden Seite abgebildete Tabelle.

Geht man davon aus, dass im Frühjahr die Brutzarge bald gefüllt ist, so zeigt die Tabelle, dass im Volk viel mehr Bienen auf den kleinen Zellen schlüpfen. Anfang Frühjahr kann eine Königin bei einer täglichen Legeleistung von 1500 Eiern rund zwei Tage länger auf einer einzelnen Wabe bleiben, um die gleiche Menge an Brut zu produzieren.

Wie entsprechende Erfahrungen in den USA gezeigt haben – und es auch logisch zu erwarten ist – sollten die Brutrahmen auch noch etwas weniger dick gemacht werden. Heute ist ein Standard von 35 mm üblich. Wenn nun die Kleinzellen-Biene nur noch rund 90 % so breit wie eine Grosszellen-Biene ist, so ist, da die Proportionen der Biene sich nicht ändern, auch die Länge um 10 % kürzer. Infolgedessen kann auch die Zelle um 10 % kürzer sein, d. h. 32 statt 35 mm. Auf unsere quadratische Zarge bemessen bedeutet dies, dass 13 statt 12 Brutrahmen Platz finden und die maximale Anzahl der Brutzellen auf rund 95.000 ansteigt.

Durch dieses kompaktere Nest (sowohl mehr Zellen pro Fläche, also auch engere Wabenstellung) wird die Wärmeversorgung für die Bienen vereinfacht und mehr Bienen können für die Sammeltätigkeit eingesetzt werden. Die frühe Entwicklung der Völker wird stark begünstigt, dies haben die Erfahrungen der Imker, die bereits umgestellt haben, klar gezeigt. Völker mit kleinen Zellen sind daher auch besser in der Lage,

KLEINE BRUTZELLEN

von den aufgrund der globalen Erwärmung immer früher erfolgenden Blütentrachten zu profitieren.

Die folgenden Zahlen verdeutlichen auch, dass nur schon das Mehr an Zellen auf einer einzelnen Brutzarge durchaus der Anzahl der Bienen eines kleineren Volkes entspricht.

Wabenart		Länge dm	Höhe dm	Zellen pro dm² (beiseitig)	Total Wabenfläche in dm²	Total Zellen pro Wabe (beide Seiten)	Differenz pro Wabe	Differenz pro Zarge bei 10 Waben
Zander	5,55 mm	3,95	1,95	750	7,70	5775		
	4,90 mm	3,95	1,95	950	7,70	7315	1540	15400
Dadant	5,55 mm	4,12	2,65	750	10,91	8180		
	4,90 mm	4,12	2,65	950	10,91	10365	2185	21850
Deutsch Normal	5,55 mm	3,50	2,02	750	7,07	5300		
	4,90 mm	3,50	2,02	950	7,07	6715	1415	14150
Schweizer	5,55 mm	2,64	3,35	750	8,84	6630		
	4,90 mm	2,64	3,35	950	8,84	8400	1770	17700

VORTEILE DER KLEINEREN BRUTZELLEN

Wie bereits erwähnt, liegen die Vorteile der kleineren Brutzellen auf drei wichtigen und für den Imker zentralen Gebieten:
- Die kleinen Bienen sind aufgrund der seit 1998 gewonnenen Erkenntnisse in den USA, in Schweden, Deutschland und anderen europäischen Ländern deutlich besser gegen die Varroa-Milbe gewappnet und können nach einer Zeit der Auswahl und Zucht ohne chemische Bekämpfungsmittel auskommen.

- Die kleinen Bienen entwickeln sich im Frühling viel rascher und sind daher besser dazu geeignet, die Blütentracht einzubringen.
- Auch die anderen Bienenkrankheiten, von der Kalkbrut bis zur amerikanischen Faulbrut, treten entweder kaum mehr auf oder die Krankheitsherde werden von den Bienen rasch und wirkungsvoll beseitigt.

Im Weiteren sind diese Bienen in Zukunft auch wesentlich besser geeignet, den kleinen Beutenkäfer in Schach zu halten. Dieser Schädling ist gegenwärtig in Europa zwar noch nicht angekommen, doch dürfte seine Ankunft nur eine Frage der Zeit sein. Der Beutenkäfer kann nur auf schwach besetzten Waben zur schädlichen Menge ausufern. Die stark mit kleineren Bienen besetzten Waben dürften da sehr gut entgegenwirken.

Unterschied Brut- zu Honigzelle

Allgemeines

Wie bereits weiter oben beschrieben, bauen die Bienen von Natur aus die Brutzellen der Arbeiterinnen kleiner als die Zellen für die Lagerung des Honigs. Die gegenwärtig von der Mehrzahl der Imker angewendete Praxis, dass dieselben Mittelwände für Brut- wie auch für Honigwaben verwendet werden, entspricht daher nicht der Natur. Die Zellgröße von 5,5 mm ist, wie dargelegt, für die Honigwaben in Ordnung, doch eigentlich zu groß für die Brutzellen. Dass trotzdem nur eine Zellengröße verwendet wird, hängt natürlich damit zusammen, dass in diesem Fall die Waben sowohl für die Brut als auch für den Honig verwendet werden können.

Vorteil des Pressing-Systems von Gettich

Auch in dieser Beziehung zeigt das Pressing-System von Gettich klare Vorteile. Hier wird mittels der Absperrgitter klar zwischen Brut- und Honigzargen unterschieden. Brutwaben werden nie als Honigwaben verwendet und auch umgekehrt keine Honigwaben für die Brut. Hier kann also ohne ökonomischen Nachteil ein System betrieben werden, bei dem die Brut auf den kleinen 4,9 mm Zellen gehalten wird, für den Honig aber weiterhin auf die 5,5 mm Zellen abgestützt wird. Das System kommt daher der Natur sehr weitgehend entgegen.

Wechsel auf die kleinen Brutzellen

Generelles

Der Wechsel von den großen 5,5 mm Zellen zu den kleinen 4,9 mm Zellen scheint zwar sehr vorteilhaft, doch muss auch beachtet werden, dass dieser Wechsel einigen Aufwand verursacht und auch bei den Völkern eine Zeit der Unruhe hervorruft. Unsere heutigen Bienen wurden seit rund 100 Jahren auf eine größere Masse selektiert, damit sind sie genetisch entsprechend programmiert. Dieser Umstand wird mindestens in der Umstellungsphase einigen Völkern Mühe machen. Jene Völker, die mit den kleinen Zellen gar nicht zurechtkommen, werden sogar eingehen. Völkerverluste aus diesem Grund sind also zu akzeptieren. Anderseits verliert jeder Imker auch ohne einen solchen Wechsel jeden Winter einen Teil seiner Völker und die zukünftige bessere Gesundheit wird den Verlust während der Umstellung wahrscheinlich mehrfach wettmachen.

Eine Frage, die sich den meisten Imkern stellt, ist, ob die Königin denn ohne Probleme mit den kleineren Brutzellen zurechtkommt. Die Erfahrungen und Beobachtungen von vielen Imkern sind beruhigend und sogar bestärkend. Die Königinnen sind nicht nur sehr gut in der Lage, in die kleinen Zellen zu legen, sie ziehen bei der Wahl sogar die kleinen 4,9 mm Zellen den größeren Zellen klar vor. Auch dies ist ein Hinweis, dass diese Zellen der Natur besser entsprechen.

Kleinzellige Mittelwände können unterdessen von verschiedenen Lieferanten in den meisten Ländern Europas erworben werden.

Vorteilhafter Zeitpunkt

Für die Umstellung sind zwei Gesichtspunkte wesentlich. Einerseits sollte das Volk bauwillig sein, damit die neuen Mittelwände angenommen werden. Anderseits hat es sich gezeigt, dass bei einem langsamen Ausbau die Qualität des Baues besser ist, d. h. weniger Fehlbau wegen der kleineren Zellengröße entsteht.

In Anbetracht dieser Überlegungen scheint die Zeit nach der Sonnenwende vor der Auffütterung des Volkes für den Winter am besten geeignet. Das Bedürfnis, Drohnenwaben zu erstellen, erlahmt in dieser Zeit, und es werden auch von Natur aus hauptsächlich die Zellen der Arbeiterinnen gebaut, die dem Muster der Mittelwand entsprechen. Zusätzlich kommt entgegen, dass die Königin in dieser Zeit weniger Eier ablegt und damit der Druck auf raschen Ausbau der Mittelwände ebenfalls vermindert ist.

Ein weiterer Vorteil der Umstellung im Spätsommer ist, dass die Winterbienen bereits auf den verkleinerten Zellen aufgezogen wurden und daher im nächsten Frühjahr besser fähig sind, die Sommerbienen aus solchen Zellen zu ziehen und kleinzellige Mittelwände auszubauen.

KLEINE BRUTZELLEN

Ein oder zwei Schritte?

Die Erfahrungsberichte der Imker, die bereits die Umstellung von den bisherigen 5,5 mm Zellen auf die kleinen 4,9 mm Zellen durchgeführt hatten, zeigen in beide Richtungen. Die einen geben an, dass sie die Umstellung aus Rücksicht auf die Bienen in zwei Schritten, zuerst auf 5,1 mm und erst nach der ersten Generation, d. h. nach weiteren 6 bis 8 Wochen, auf 4,9 mm durchgeführt hatten. Andere Imker, dazu gehören auch die „Wiedererfinder" der kleinen Zellen, nämlich die Lusbys, haben sofort den ganzen Schritt direkt auf die 4,9 mm Zellen durchgezogen. Beide Imkergruppen berichten von teilweisem Fehlbau, dieser wird also auch durch zwei Schritte nicht vollständig eliminiert.

Für die Umstellung in einem Schritt spricht, dass damit die Völker, die mit den kleinen Zellen gar nicht zurechtkommen, sofort ausgemerzt werden. Nur diejenigen Bienen, die wenigstens einigermaßen auch auf den neuen Zellen ein Brutnest aufbauen können, werden den Winter überleben. Die Auslese der tauglichen Völker geschieht auf diese Weise radikaler, was für den zukünftigen Ausbau mit Ablegern sehr wichtig erscheint. Allerdings, und das soll hier klar noch einmal festgehalten werden, ist das Risiko für Völkerverluste bei der direkten Umstellung voraussichtlich größer.

Mit der Entscheidung, ob ein oder zwei Schritte durchgeführt werden sollen und wie lange zwischen den Schritten gewartet wird, ist natürlich auch die Frage verbunden, ob die Umstellung rascher oder langsamer geschieht. In der Regel kann aber aus den bisherigen Erfahrungen geschlossen werden, dass die reine Umstellung der Waben in einer Saison möglich ist, sofern der Imker konsequent handelt. Es ist allerdings zu beachten, dass die Zeit nach der Sonnenwende eher kurz für die Umstellung in zwei Schritten ist. Bei der Entscheidung für zwei Schritte ist daher eher früher zu beginnen.

Beim Vorgehen, das die Lusbys vorschlagen und das nachfolgend beschrieben ist, dauert die Umstellung rund 2 bis 3 Jahre. Dies ist allerdings auf Großimker mit mehreren hundert Völkern zugeschnitten oder auf Imker, die nicht sofort alle Völker umstellen möchten.

Praktisches Vorgehen nach Lusby

In ihrer Publikation im Internet schlagen die Imker Lusby ein stufenweises Vorgehen vor, das bedeutet, dass mit nur wenigen Völkern mit der Umstellung begonnen wird und deren Waben für die Umstellung weiterer Völker eingesetzt werden, insbesondere jener, die mit dem Ausbau der kleinen Zellen Mühe haben.

Bereitstellen der Mittelwände für die Brutwaben

Zuerst muss eine genügende Anzahl von kleinzelligen Mittelwänden bereitgestellt werden, damit die ganze Brutzarge bzw. der ganze Brutraum in Kästen auf einmal umgestellt werden kann. Dies bedeutet natürlich einen erheblichen Aufwand an Arbeit und Finanzen, besonders wenn noch gedrahtet und eingelötet werden muss. Wie im Kapitel über die Waben beschrieben, könnte im Gettich-System einiges eingespart werden, wenn Wabenrahmen ohne Drahtung verwendet werden könnten. Da in Europa immer noch nur wenige Lieferanten für kleinzellige Mittelwände vorhanden sind, ist auch frühzeitig die nötige Anzahl davon zu besorgen.

Die schmaleren Rahmen

Wie gesagt, es ist vorteilhaft, die Rahmen nur 32 mm dick zu machen, anstatt der üblichen 35 mm. Werden handelsübliche Rahmen verwendet, so kann mit einer Kreissäge oder mit einem Hobel jede Seite um 1,5 mm gekürzt werden. Bei selbst gefertigten Rahmenteilen muss die Planung um diesen Faktor angepasst werden.

Obwohl die Erfahrungen zeigen, dass die Bienen bei engerer Rahmenstellung die kleinen Zellen besser ausbauen, soll nicht unerwähnt bleiben, dass zahlreiche Imker auch mit den „normalen" Rahmen die Umstellung auf kleine Zellen schafften. In diesem Fall muss einfach mit etwas mehr Fehlbau gerechnet werden.

Umstellen der ersten Bienenvölker

Die Lusbys schlagen für die Umstellung die Zeit am Ende des Winters vor, da dann das Volk am kleinsten ist und noch keine oder nur wenig Brut hat. Dies dürfte aber in kälteren europäischen Gefilden kaum ratsam sein, da hier das Klima zu lange kalt bleibt und die Völker bei der Umstellung Schaden nehmen würden. Bis die Temperaturen eine gefahrlosere Umstellung erlauben würden, sind die Brutnester schon zu weit ausgedehnt.

Ich bleibe daher bei der Empfehlung, den Spätsommer abzuwarten. Auf diesen Zeitpunkt hin wird den Bienen die neue Zarge mit den kleinzelligen Mittelwänden unterstellt und das Volk wird in diese Zarge abgeschüttelt. Bei den Kästen ist analog vorzugehen. Über dieser Zarge wird ein Absperrgitter angebracht und die bisherige Brutzarge oben aufgestellt, damit diese Brut noch weitergepflegt werden kann. Nun muss das Volk gut gefüttert werden, damit es die neuen Mittelwände ausbaut.

Drei Fälle sind nun zu unterscheiden:
- Das Volk baut die kleinen Zellen ohne Probleme aus. Dies ist der ideale Fall, und es ist ein nachzuchtwürdiges Volk.
- Das Volk baut die kleinen Zellen zu einem Teil richtig aus, andere Teile sind mit Fehlbau belastet, wo Zellen zu groß, zu klein, nicht als Hexagon, sondern als Oktagon oder Viereck ausgebaut werden.

In diesem Fall müssen die Fehlbauten möglichst bald wieder aussortiert und durch neue Mittelwände ersetzt werden. Dazu kann aber eine Generation gewartet werden, da dann die ersten kleineren Bienen geschlüpft sind und die Wahrscheinlichkeit für einen korrekten Bau zunimmt.

KLEINE BRUTZELLEN

Hier wurde die Brutwabe relativ gut mit kleinen Zellen ausgebaut. Trotzdem sind in der Mitte einige Zellen nur noch als Fünfecke ausgebildet, was dazu führt, dass auch benachbarte Zelle zu groß werden. Diese Brutwabe muss gelegentlich ausgetauscht werden.

Eine schön ausgebaute 4,9 mm Brutwabe, sie ist auch gut mit Bienen besetzt.

Hier hat ein Volk die kleinzellige Mittelwand nur ungenügend ausgebaut. Kennzeichnend sind die vielen im Brutbereich eingelagerten Drohnenzellen, die dort entstehen, wo wegen Fehlbau die Zellen stark vergrößert werden.

- Das Volk baut die Mittelwände gar nicht oder sehr fehlerhaft aus. Dieses Volk ist offenbar nur unzureichend in der Lage, die kleinen Zellen zu akzeptieren. Um es nicht unnötig zu schwächen, wird dessen Umstellung verschoben und das Volk erhält wieder große Zellen.

  Später werden diesem Volk Waben von anderen Völkern zugegeben, wo kleine Zellen schon richtig angezogen wurden. Diese Waben müssen nicht vollständig ausgebaut worden sein, es genügt, wenn die ersten 3 bis 5 mm der Wände gebaut sind. Die Chancen stehen gut, dass das Volk nun diese Zellen richtig weiterbaut. In diesem Fall kann mit der Umstellung weitergefahren werden. Die neuen, kleineren Bienen werden weitere Mittelwände höchstwahrscheinlich richtig ausbauen.

  Wenn das Volk auch in diesem Fall nicht richtig weiterbaut, dann muss es ausgemerzt werden.

Richtigen Wabenbau sicherstellen

Die Lusbys legen sehr viel Wert auf die Aussage, dass nur Völker mit richtig ausgebauten Waben weitergepflegt werden sollen. Völker, die auch nach einem Jahr keine richtigen, fehlerlosen Waben ausbauen, seien auszumerzen, denn diese würden nie wirklich gesund auf den neuen Waben leben und daher früher oder später an der Varroa oder anderen Krankheiten eingehen. Es gehe hier darum, nur die Völker mit der besten Anpassung an kleine Zellen weiter zu ziehen, um eine klare Zuchtauswahl zu erzielen.

Fehlwabenbau soll daher auf keinen Fall toleriert werden. Solche Waben sollen aus der Brutzarge entfernt und durch neue Mittelwände ersetzt werden, solange die Bautätigkeit noch zu erwarten ist.

Winter als Testperiode

Das Volk soll gut aufgefüttert in den Winter entlassen werden. Im Frühling wird es sich zeigen, welche Völker die Umstellung gut überstanden haben. Diejenigen Völker, die mit dem kleinen Zellbau keine Probleme haben, werden wahrscheinlich viel rascher und kräftiger in den Frühling starten, da sie die Wärme dank engerer Brutfläche besser halten können.

Leere Brutwaben als Vorrat für andere Völker

Nach dem Winter werden einige Waben pro Volk leer sein, da das Futter konsumiert wurde. Diese Waben sollen aus dem Volk entfernt werden. Sie dienen als Vorrat für andere Völker, die noch umgestellt werden (bei jenen Imkern, die nicht alle Völker auf einmal umstellen können). Deshalb werden diese ausgebauten, aber leeren Brutwaben in einen Vorratsschrank oder in leeren Zargen (Bananenschachteln) zwischengelagert, bis sie neu zum Einsatz kommen. Da im System Gettich nur mit einer Brutzarge gearbeitet wird, können diese Vorratswaben für Ableger verwendet werden, um diesen den Start zu vereinfachen.

Aussondern von Waben mit viel Drohnenbrut

Die Lusbys schlagen vor, dass Waben mit mehr als ca. 10 % Drohnenzellen (egal auf welcher Seite der Wabe) aus der Brutzarge entfernt werden sollten. Auf diese Weise könne ein wirksamer Beitrag gegen die Varroa geleistet werden. Damit erweisen sich die Drohnen nicht nur für die Harmonie im Volk und für die Begattung der Königin wertvoll, sondern auch als Anziehungspunkt für allerlei Krankheiten und Schädlinge. Eine gewisse Drohnenpopulation sollte daher immer gepflegt werden.

Es sei nachgewiesen worden, dass insbesondere das Larvenfutter die Varroa-Milben in die Zellen zieht. Grosse Zellen und Drohnenzellen enthalten mehr Futter und ziehen so auch mehr Milben an. Durch das Entfernen der Drohnenbrut werden diese Varroa-Milben an der Vermehrung gehindert.

Reinigungsverhalten der Bienen

Nachdem sich die Völker der Lusbys auf den kleinzelligen Waben gut eingelebt hatten, also ein oder zwei Jahre nach der Umstellung, wurden deutliche Veränderungen im Reinigungsverhalten beobachtet: so entfernten die Bienen die Varroa-Milben aus den Brutzellen. Die Arbeiterinnen hätten, so die Lusbys, in der Regel zuerst die Zellen an der Peripherie der Brutnester gereinigt und sich dann Richtung Mitte weitergearbeitet. Dabei komme es darauf an, ob sich die Varroa auf den Köpfen der Larven befinden – in diesem Falle wird nur die Varroa entfernt – oder ob sie sich hinter dem Kopf auf dem Thoraxsegment oder noch weiter hinten befinden; in diesem Fall werden die Larven häufig so weit aufgefressen, bis die Bienen an die Varroa gelangen. Dies führe dann zu den „Schrotlöchern" in den Brutflächen.

Dieses Reinigungsverhalten sei vor allem nach der Trachtperiode zu beobachten gewesen, wenn sich das Volk langsam wieder zusammenzieht. In Europa ist dies nach der Sonnenwende der Fall. Die Lusbys haben in diesen Zusammenhang eine klare Priorisierung der Arbeiten festgestellt, die Reinigung erfolge erst, nachdem die Brut gepflegt und die Sammeltätigkeit durchgeführt sei, die Bienen also für andere Arbeiten Zeit bekommen.

Es sei daher sehr wichtig, dass während der Trachtsaison genügend Drohnenbau im Volk zugelassen werde, denn dieser zieht die Varroa an und lenkt sie von den wichtigen Arbeiterinnen ab. Nach der Trachtsaison werden die Drohnen aus dem Volk getrieben und damit auch viele Varroa-Milben. Die restlich Verbliebenen würden seit einigen Jahren von den Arbeiterinnen durch die Reinigung in Schach gehalten. Es würden keine weiteren Bekämpfungsmittel mehr eingesetzt.

Ziel des zweiten Jahres nach der Umstellung

Das Ziel des zweiten Jahres nach der Umstellung sei, dass die Bienen nun die kleinzelligen Waben immer sauber und ohne Fehlbau ausbauen. Fehlbau müsse weiterhin konsequent ausgesondert, entfernt und eingeschmolzen werden. Solcher Fehlbau komme aber immer seltener vor. Gegen Ende des zweiten Jahres beginnen die Arbeiterinnen auch, die Drohnenzellen von den Varroa-Milben zu befreien, während sie am Anfang nur die Arbeiterinnenzellen säuberten.

Im dritten Jahr ist Umstellung erfolgt

Im dritten Jahr sollte die Umstellung erfolgt sein, d. h. die Bienen sollten nun praktisch keinen Fehlbau mehr erstellen und die Varroa-Milbe sollte vom Volk selbst genügend dezimiert werden, dass der Imker keine Pflegeeingriffe mehr machen muss. Auch das Drohnenbrutentfernen sei dann nicht mehr nötig.

KLEINE BRUTZELLE UND BIENENRASSEN

Eine oft gestellte Frage zur Betriebsweise mit kleinen Brutzellen betrifft die Wahl der Bienenrasse. Können unsere Bienen, die in Europa verbreitet sind, überhaupt an die kleinen Brutzellen gewöhnt werden? Braucht der Imker eine neue Bienenrasse, muss also eine Umstellung des Bestandes vorgenommen werden? Solche Fragen können nicht mit einem klaren Ja oder Nein beantwortet werden.

Wie bereits dargestellt, waren die Bienen vor ca. 1920 generell kleiner und wurden dann durch züchterische Maßnahmen vergrößert. Dies bedeutet, dass die Genetik aller Bienenrassen es durchaus erlauben würde, auch kleinere Bienen wieder Wirklichkeit werden zu lassen und kleinere Brutzellen zu bauen. Während des vergangenen Jahrhunderts haben sich aber viele Imker der Reinzucht gewisser Linien verschrieben und dabei auch intensive Auslesezucht und Inzucht angewandt. Diese Inzucht kann dazu führen, dass die genetische Vielfalt verengt wird und die daraus entstehenden Bienenlinien die Fähigkeit zur Anpassung an Veränderungen der Umwelt zu einem gewissen Grade verlieren. Damit ist auch der Ansatz für die Beantwortung der oben gestellten Fragen gefunden. Grundsätzlich kann jede Bienenrasse für die Betriebsweise mit kleinen Brutzellen geeignet sein und kein Imker muss sich auf eine neue Bienenrasse ein- und umstellen. Jene Rasselinien aber, die sehr stark durch Inzucht verfeinert und spezialisiert wurden, dürften mit der Umstellung auf kleine Zellen mehr Mühe haben. Erik Österlund, ein europäischer Pionier dieser Betriebsweise, weist dabei hauptsächlich auf einige reingezüchtete deutsche Linien der **Carnica** hin, die nach seinen eigenen und den Erfahrungen anderer Bienenzüchter mehr Mühe mit der Umstellung hatten

KLEINE BRUTZELLEN

und mehr Ausfälle produzierten. Einige Imker weisen auf die europäische dunkle Biene hin und stellen die These auf, dass diese besser für kleinzellige Betriebsweise geeignet sei. Angesichts der auch bei dieser Biene verengten genetischen Vielfalt muss auch hier ein Fragezeichen gemacht werden. Vor diesem Hintergrund wird es bei den dunklen Bienen daher eher darauf ankommen, aus welcher Zucht die Bienen stammen.

Auch die Buckfast-Biene wurde lange Zeit auf Größe gezüchtet. Trotz der gezielten Kreuzungszucht mit verschiedenen Rassen kann hier ebenfalls ein Problem mit dem Rückweg zur kleinen Biene auftauchen.

Die Elgon-Biene – Zucht einer varroatoleranten Kleinzellen-Biene

Grund für die Elgon-Züchtung

Bereits im Jahr 1987 suchte Bruder Adam, der Ursprungs-Züchter der Buckfast-Biene, in Afrika nach der *Apis mellifera monticola*, einer schwarzen Biene aus dem Hochland in Kenia. Ausgehend von seinen Berichten fand sich 1989 eine Gruppe schwedischer und ein niederländischer Bienenzüchter zusammen, um die Suche nach geeigneten Bienen noch einmal aufzunehmen. Die Bienen in Europa wurden seit vielen Jahren reingezüchtet und damit wurde auch ihre genetische Vielfalt über die Jahre eingeschränkt. Im Gegensatz dazu entwickelten sich die Bienenvölker in Afrika im Wesentlichen frei und wild. Deren biologische Diversität ist daher noch viel höher als die der europäischen Bienen. Bruder Adam und auch die hier beschriebene Nachfolge-Expedition suchten daher nach Tieren, die eine Gen-Auffrischung bei den europäischen Bienen ermöglichen würden.

Wie in Europa, gibt es auch in Afrika viele verschiedene Bienenrassen. Bekannt und gefürchtet ist die *Apis mellifera scutella*. Diese wurde 1955 nach Brasilien importiert, um die dort gehaltenen europäischen Bienen besser für das tropische Klima zu befähigen. Bereits 1956 gelangten aus der Versuchsanstalt einige dieser Bienen in die Freiheit und bald war von den aggressiven afrikanisierten Bienen die Rede. Die *Apis mellifera scutella* zeichnet sich durch eine besonders intensive Verteidigungshaltung aus. Eine andere afrikanische Bienenrasse mit völlig verschiedenen Eigenschaften ist die *Apis mellifera monticola*. Sie unterscheidet sich deutlich von der *Apis mellifera scutella*. Die Monticola-Biene ist gemäß deren Namensgeber, Dr. F. G. Smith, nur in Höhen von über 2400 Metern zu finden, nämlich auf dem Mount Meru, dem Kilimandscharo, dem Mount Kenia und dem Mount Elgon in Uganda. Bereits der Missionar Bruno Gutmann schrieb 1923 in einem Bericht: „Sie ist völlig schwarz und sehr gutmütig." Am Schluss dieses Aufsatzes von Bruder

Erik Österlund aus Hallsberg in Schweden: Züchter der Elgon-Biene, vor seinem Vorrat an Flachzargenmagazinen anläßlich eines Besuches im Mai 2005

Adam findet sich folgende Folgerung: „… die Bienenrassen Afrikas stellen eine Fundgrube von unermesslichen züchterischen Möglichkeiten dar – eine Herausforderung für die fortschrittliche Züchtung, welche sie auf die Dauer weder missachten noch umgehen kann." Die schwedisch-niederländische Expedition baute auf diesen Hinweisen auf und suchte ganz konkret nach möglichst reinrassigen Monticola-Bienen, da nur diese als so sanftmütig beschrieben wurden, gleichzeitig aber auch die gesuchte breite genetische Vielfalt versprachen, um durch Einkreuzung mit der europäischen Biene (bzw. konkret der Buckfast-Biene) neue Möglichkeiten für die Varroa-Resistenzzucht zu finden.

Geschichte der Elgon-Biene

Die Afrika-Expedition suchte auf dem Mount Elgon und dem Mount Kenia nach möglichst uniformen schwarzen und gutmütigen Bienenvölkern. Nur auf dem Mount Elgon und auf einer Höhe von ca. 2.500 bis 3.500 Metern konnten solche Bienen gefunden werden. Dabei zeigte es sich, dass die Bienen von sehr unterschiedlicher Größe waren; die an den höchsten Orten gefundenen Exemplare waren größer als unsere europäischen Bienen, die aus tieferen Gegenden kleiner. Aus einem Volk in 3.500 Metern Höhe wurden anschließend Drohnen gefangen und deren Sperma in kapillaren Röhrchen gespeichert, von anderen, weiter unten am Berg gefundenen Bienenvölkern wurden Königinnen mit Wabenteilen und frischen Eiern ausgeschnitten und in Apidea-Kästchen zwischengelagert. Kurz vor dem Abflug wurden davon nur noch die Waben mit den Bieneneiern sorgfältig für die Reise nach Schweden verpackt. Rund 14 Tage nach Start der Expedition waren die Teilnehmer wieder zurück in Schweden und die Brutwaben wurden in vorbereitete Völker einlogiert. Trotz widrigem Wetter und anderer Probleme konnten schließlich zwei Monticola-Königinnen gewonnen werden. Diese wurden anschließend durch Dr. Thrybom instrumentell mit dem mitgebrachten Drohnensperma begattet. Mit den Tochterköniginnen konnte so eine kleine Kolonie von Monticola-Völkern aufgebaut werden, die als Ausgangsmaterial für die weitere Zucht diente. Diese Monticola-Bienen wurden in einem zweiten Schritt mit schwedischen Bienen der Buckfast- und der Ligustica-Zucht gekreuzt, wobei sowohl Monticola-Königinnen wie auch Monticola Drohnen zum Einsatz kamen. Diese F-1-Königinnen wurden noch einmal mit schwedischen Zuchten gekreuzt, so dass Bienen mit einer theoretischen Einkreuzung von 25 % Monticola entstanden. Bei den Kreuzungsversuchen zeigte sich, dass die Monticola-Biene offenbar andere Pheromone aussendet, die von den europäischen Bienen als fremd betrachtet werden. Die Kreuzungen mit der Ligustica-Biene waren deshalb nicht erfolgreich, da die Monticola-Königinnen von den Ligustica-Völkern kaum akzeptiert wurden und rasch wieder durch eine eigene Köni-

DIE ELGON-BIENE

gin ersetzt wurden. Besser verlief die Kreuzung mit der Buckfast-Biene, die nur unwesentliche Abstoßreaktion zeigte. Es wurde festgestellt, dass die reinen Monticola-Königinnen eine um rund 1 1/2 Tage kürzere Entwicklungszeit hatten, und auch die Nachkommen der Kreuzungen schlüpfen auch heute noch rund einen Tag früher als sonst bei den europäischen Bienen üblich.

Erik Österlund züchtete mit diesen Monticola-Buckfast-Kreuzungen weiter und stabilisierte deren Eigenschaften. Teilweise wurden noch weitere Einkreuzungen vorgenommen und – nach Prüfung der Eigenschaften gemäß dem von Bruder Adam aufgezeichneten Vorgehen – in die Hauptlinie eingebunden. So entstand die von Erik Österlund und einigen anderen schwedischen Imkern gezüchtete und nach deren Ursprung in Kenia benannte Elgon-Biene. Sie kann nicht als Buckfast-Biene bezeichnet werden, da sie einerseits nicht in Buckfast gezüchtet wird und andererseits auch wesentliche andere Bienenrassen eingekreuzt hat, insbesondere einen erheblichen Erbanteil der Monticola-Biene.

DIE HEUTIGE ELGON-BIENE VON ERIK ÖSTERLUND

Nach rund 11 Jahren Zucht, d. h. im Jahr 2000, besuchte Erik Österlund das Imkerehepaar Dee und Ed Lusby in Arizona, um deren Betriebsweise mit kleinen Brutzellen direkt kennen zu lernen. Dieses Betriebskonzept hat ihn überzeugt und er hat damit begonnen, seine Völker auf 4,9 mm Brutwaben umzustellen und auch bei der Zucht der Elgon-Biene auf die Fähigkeit auszuwählen, kleine Brutzellen zu bauen. Vor dieser Auswahlzucht stellt Erik Österlund fest, dass seine Elgon-Bienen in der Größe sehr differierten, einige Arbeiterinnen waren größer als übliche Carnica-Bienen, andere deut-

Hier wird gut sichtbar, wie die Elgon-Bienen ruhig auf der Wabe sitzen bleiben, auch wenn ihr ganzes Nest in Einzelteile zerlegt wird. Bei genauem Betrachten sind auch die typischen zwei lederbraunen Ringe direkt nach dem Brustteil zu sehen.

Auf diesem Photo sind mein Imkervater Guido Schöb (links) und Erik Österlund zu sehen. Der Schwede zerlegte ein Flachzargen-Magazin in einzelne Zargen, aus denen jeweils einen Ableger gebildet wurde. Obwohl Erik immer mit seinem Schleier arbeitete, bestand nie ein Problem mit aggressiven Bienen. Diese blieben praktisch alle ruhig auf ihren Waben und bildeten die gut sichtbaren „Bienenseen".

lich kleiner. In dieser Beziehung war offenbar noch eine sehr hohe genetische Diversität vorhanden. Nach 5 Jahren Zuchtarbeit kann Erik Österlund feststellen, dass seine Bienen rund 95 % der 4,9 mm Brutwaben gut ausbauen und damit für die kleinzellige Betriebsweise schon sehr angepasst sind.

Ziel der Elgon-Zucht war von Anfang weg die Suche einer Varroa-toleranten Biene. Dieses Ziel wurde auch schon vor dem Jahr 2000 sehr weitgehend erreicht. Bereits seit dem Jahr 1995 hatte Poul Erik Karlsen auf den Insel Bornholm in der baltischen See Elgon-Bienen ohne Varroa-Behandlung gehalten und gute Erfahrungen gemacht. Da der Varroa-Druck in der Region, wo Erik Österlund wohnt, nur gering ist, hat er seine Königinnen schon seit Beginn seiner Zuchtbemühungen immer auch an andere Imker geliefert, um deren Varroa-Verträglichkeit zu testen. Dies geschah natürlich auch mit den nun verkleinerten Elgon-Bienen. Die Resultate wurden von den Imkern jeweils zurückgemeldet und waren sehr positiv. Die besten Zuchtmütter wurden für die Weiterzucht ausgewählt. Heute haben in seiner Umgebung praktisch alle Imker nur noch

Elgon-Bienen und alle können jegliche Varroa-Behandlungsmethoden auslassen. Ihre Bienen können mit dem Schädling gut leben bzw. reduzieren dessen Population in einem so hohen Maße, dass er keine Bedrohung mehr darstellt.

Die Elgon-Biene hat aber auch noch weitere sehr positive Eigenschaften, die ich selbst in Schweden anläßlich eines mehrtätigen Besuches bei Erik Österlund erfahren durfte. Die Hervorragendste ist die sehr große Sanftmut. Es war eine Freude mit diesen Bienen zu arbeiten und sowohl ich als auch mein Begleiter Guido Schöb waren überrascht, wie man praktisch ohne Rauch einzusetzen auch größere Magazine auseinander nehmen konnte; von einem kurzen Rauchstoß als Begrüssung abgesehen. Gerade bei der Bildung von Ablegern, die Erik Österlund durch die Teilung von größeren Völkern macht, zeigte sich nicht nur die besondere Sanftmut, sondern auch die ausserordentliche Wabenstetigkeit. Wir konnten die 5 oder 6 Flachzargen der Magazine einzeln auf den Boden stellen und kaum eine Biene löste sich von den Waben. So konnte Erik Österlund sich genügend Zeit nehmen, um in Ruhe die Ablegerzargen sorgfältig mit Brutnestern, Leerwaben und Futterwaben zusammenzustellen. Obwohl er selbst routinemäßig einen Anzug mit Schleier trägt, haben wir uns auch im Hemd mit nur einer einfachen Kopfbedeckung wohl und nie von den Bienen bedrängt gefühlt. Auch die Erhebungen zum Honigertrag von Erik Österlund waren aufschlussreich. Vergleiche mit Kontrollvölkern und anderen Imkern zeigten, dass seine kleinen Bienen jeweils um über 10 % höhere Erträge einbrachten.

Soll der Imker die Elgon-Biene einsetzen?

Bei so hervorragenden Eigenschaften stellt sich natürlich die Frage, ob der Imker nun diese Bienen aus Schweden importieren und einen Wechsel seiner Rasse durchführen sollte. Dazu möchte ich differenziert Stellung nehmen. Grundsätzlich stehen die Eigenschaften der Elgon-Biene den Eigenschaften von lokal verwendeten Bienen gegenüber. Jeder Imker muss sich bewusst sein, dass seine Bienen immer mit der sie umgebenden Natur im Austausch stehen. Das bedeutet auch, dass die Standbegattung wohl meistens die Regel ist und daher eine reine Haltung einer Rasse oder Rassen-Linie nur Wunschdenken ist. Eine Vermischung von Rassen kann, und das ist von vielen Praktikern und Wissenschaftern festgestellt worden, auch zu unerwünschten Eigenschaften wie größere Aggressivität führen. Diese Gefahr muss bei jedem Import einer „fremden" Biene im Bewusstsein des Imkers bleiben. Zudem sind die Elgon-Bienen in Schweden gezüchtet und haben sich an die dortigen, jahreszeitlichen skandinavischen Bedingungen angepasst. Dazu gehört unter anderem, dass meist nur eine einzige Sommertracht stattfindet. Die Winter sind in der Regel sehr kalt und im Frühling liegt noch bis in den März Schnee und verhindert ein rasches Wachstum der Völker. Dies paßt mit den mitteleuropäischen Verhältnissen nicht zusammen und daraus können sich auch Probleme ergeben. Generell wird es als wichtig und richtig angesehen, dass der Imker lokal vorhandene und angepasste Bienen verwendet. Zudem ist zu beachten, dass es in mehreren Regionen auch gesetzliche Bestimmungen gibt, welche die Haltung von Bienenrassen einschränken, so dass z. B. nur Carnica oder nur die dunkle Biene erlaubt sind.

Zweck dieses Kapitels soll daher nicht sein, den Imker zu animieren, sich die Elgon-Biene anzuschaffen, sondern aufzuzeigen, dass eine Zucht mit Bienen mit größerer genetischer Diversität zu einem guten Resultat führen kann, sei es nun in Bezug auf die Varroa-Toleranz oder sei es im Hinblick auf die Fähigkeit des Ausbaus von kleinen Brutzellen.

Der eigene Wachskreislauf

Grundsätzliche Überlegungen

Belastetes Wachs = belasteter Honig

„Schaut man auf die heutige Praxis in Bezug auf die Bienenhaltung mit ihren künstlichen Zusätzen und Behandlungsmethoden gegen Parasiten und sekundär Infektionen, dann wundert man sich, wie unsere Bienen überhaupt überleben können. Können alle diese wunderlichen Stoffe (Chemikalien, ätherische Öle, künstliche Medikamente) wirklich laufend in unsere Bienenvölker geschüttet werden, ohne dass sich Auswirkungen auf die Gesundheit der Konsumenten und der Bienen einstellen?" Eine sehr berechtigte Frage, die via Internet von Dee Lusby gestellt worden ist.

Einen anderen Aspekt desselben Problems ist die Verunreinigung unseres Honigs durch die Übertragung von fettlöslichen Substanzen via Bienenwachs. Bereits 1996 wurde am 34. Apimondia Kongress festgestellt, dass in Europa praktisch jede Mittelwand durch Apistan verseucht ist. Fachleute stellten fest, dass es über 50 Jahre dauern könnte, bis sich diese Kontimation wieder auf nichtmessbare Werte zurückgebildet hat. Doch Apistan ist nicht der einzige problematische Stoff, auch Para-Dichlorbenzol, meist bekannt unter Abkürzung PDCB, das für die Wachsmottenbekämpfung eingesetzt wurde, hat in jüngster Zeit für Aufregung in der Imkerschaft geführt. Leider haben viele Imkereigeschäfte, wohl eher aus Geschäftssinn denn aus Unwissen, die problematischen Mottenkugeln weiterverkauft, als schon lange bekannt war, dass sie Wachs und Honig verseuchen.

Einige Imker haben damit begonnen, unkontaminiertes Bienenwachs aus dem Ausland zu beziehen. Doch wie lange wird jenes Bienenwachs unkontaminiert bleiben, wenn die dortigen Imker die gleichen Fehler begehen wie die europäischen? Der einzige Ausweg aus dieser Situation ist der eigene, kontrollierte Wachskreislauf und eine eigene aktive Haltung in Bezug auf das Auswechseln von Wachs in unseren Waben durch laufende Neubildung.

Ein weiterer beachtenswerter Punkt, den die Lusbys geltend machen, ist die Tatsache, dass die Chemikalien hauptsächlich während der Winterauffütterung gegeben werden in der Meinung, dass dann der Honig nicht betroffen sei. Vergessen wird dabei viel zu gern, dass im Frühling ein Teil des Winterfutters, das nicht verbraucht wurde, in die Honigzargen umgelagert wird. Rückstände der Chemikalien, die im Winter gegeben wurden, gelangen so indirekt in den verkauften Honig, wo sie bald wieder durch ein Lebensmittellabor entdeckt werden. Der Rest der Geschichte ist jedem leidgeprüften Imker bekannt ...

Ausweg ist eigener Wachskreislauf

Ein wirklicher und kontrollierter Ausstieg aus den mit verschiedensten Stoffen belasteten Mittelwänden ist der Aufbau eines eigenen Wachskreislaufes. Gleichzeitig ist dafür zu sorgen, dass die Waben innerhalb von 3 Jahren wieder ausgetauscht werden und mit neuen Mittelwänden und neuem Bau gearbeitet wird. Durch den durch die Bienen neu erzeugten Wachs wird der Anteil des alten und belasteten Wachses laufend abnehmen und bald kaum mehr messbar sein. Voraussetzung ist natürlich, dass der Imker keine neuen Stoffe in die Beuten einbringt, die sich erneut in den Waben anreichern werden.

AUSSCHMELZEN DER WABEN

Bereits heute praktizieren viele Imker das Ausschmelzen der Waben. Dafür werden Sonnenwachsschmelzer eingesetzt oder Systeme, die mit Dampf arbeiten. Diese Systeme sind sehr gut und meist recht günstig im Imkerhandel zu kaufen. Es ist jedoch festzuhalten, dass die Wärmebehandlung des Wachses keinen Einfluss auf die Rückstände, insbesondere von Apistan oder auch PCDB haben. Diese Stoffe könnten nur mit sehr hohen Temperaturen aus dem Wachs entfernt werden, dieselben Temperaturen würden aber auch das Wachs selbst zerstören.

KLÄREN, REINIGEN UND STERILISIEREN DES WACHSES

Die aus dem Schmelzprozess hervorgehenden Wachskuchen sind noch durch allerlei Fremdpartikel verschmutzt. Sie müssen daher noch weiter geklärt werden. So sollte das Wachs durch ein feines Seihtuch gefiltert werden und in einem Wasserbad sehr langsam abgekühlt werden. Je länger der Abkühlungsprozess dauert, desto eher wird der Wachs oben auf schwimmen und die Schmutzpartikel sich unten im Wasser sammeln. Nach dem Abkühlen kann die Schmutzschicht unten vom Wachskuchen abgekratzt werden.

Die Sterilisation des Wachses verlangt Temperaturen von ca. 120 °C über eine Zeitdauer von mindestens 30 Minuten. Nur so können die Sporen der Faul- und Sauerbrut zuverlässig abgetötet werden. Hier ist sehr vorsichtige Arbeit verlangt. Wasser, das in die sehr heiße Wachsmaterie eindringt, verpufft sofort als Wasserdampf und reißt bei dieser Explosion natürlich auch viel Wachs mit. Der Imker kann sich dabei sehr starke und gefährliche Verbrennungen zuziehen! Da stark erhitztes Wachs auch höchst brandgefährlich ist, sollte auf jeden Fall ein Thermostat eingesetzt werden, der die Temperatur auf diesen 120 °C beschränkt hält und der Topf sollte abgedeckt bleiben.

Giessen der Mittelwände

Gussformen

Im System mit den kleinen Brutzellen und den größeren Honigzellen ist der Imker angewiesen, zwei verschiedene Gussformen zu besitzen. Die Geräte für die Herstellung der Mittelwände sind sehr teuer und werden sich finanziell erst nach vielen Kilogramm Wachs amortisieren. Es lohnt sich also, dass sich einige Imker mit gleichem Wabenmaß zusammen solche Geräte anschaffen und allenfalls gemeinsam die Mittelwände herstellen.

Die Gussformen haben den Vorteil, dass sie die etwas günstigere Variante für die Herstellung von Mittelwänden darstellen. Sie erlauben jedoch nur ein einzelnes Wabenmaß herzustellen. Die Mittelwände sind etwas starrer als die mit der Prägewalze hergestellten und brechen leichter.

Wabenprägemaschinen

Die andere Art der Herstellung von Mittelwänden verwendet Wabenprägewalzen. Hier werden zuerst dünne Wachsblätter ohne Prägung vorbereitet. Diese werden anschließend durch zwei Walzen gezwängt, wo die Zellboden eingeprägt werden.

Der Vorteil dieser Walzen liegt in der vielseitigen Verwendung für verschiedenste Wabenmaße und die rasche Prägung der Mittelwände. Als bedeutendster Nachteil ist sicher der finanzielle Aufwand zu nennen, kosten doch solche Prägewalzen aus europäischer Fertigung rund 5 bis 7 Mal mehr als entsprechende Gussformen. Es gibt aber auch ein amerikanisches Modell, das vom Autor bezogen werden kann, das nur ca. 50 % mehr als eine Gussform kostet.

Die vom Autor aus den USA importierte Prägewalze kann für alle Wabenmaße verwendet werden und wird von Hand mittels Kurbel betrieben.

Die professionellen Hersteller benutzen Wabenprägemaschinen, wobei in diesen sehr teuren Apparaten direkt flüssiges Wachs auf die gekühlten Walzen gebracht wird und die daraus entstehenden Mittelwände nach dem Abkühlen sofort automatisch geschnitten werden.

Da der Herstellungsprozess für geprägte Mittelwände etwas umfangreicher als das bloße Gießen ist, sei er hier kurz skizziert.

Vorbereiten der Tauchplatten

Die Wachsgrundblätter werden mittels Tauchplatten aus Keramik hergestellt. Diese Platten haben sich besser bewährt, als die verschiedenenorts empfohlenen hölzernen Brettchen. Im Baufachhandel gibt es verschiedenste Maße dieser Platten für den Boden oder Wandbereich. Die Platten sollten etwa 1 cm länger und breiter als das gewünschte Wabenmaß sein, d. h. sie müssen entsprechend zugeschnitten werden. Im hier vorgestellten System, das mit vollen und halben Zanderwaben arbeitet, kann ein einziges Maß von ca. 41 cm Länge und 20 cm Höhe verwendet werden. Die Honigwaben werden dann einfach durch Halbierung der Vollwaben gemacht. An einer Längsseite wird eine kleine Drahtschlaufe befestigt, damit das Blatt gut gehalten und getaucht werden kann. Um ein zügiges und effizientes Arbeiten zu ermöglichen, sollten ca. 10 solcher Platten vorrätig sein.

Vor der Verwendung im Tauchbehälter werden diese für mindestens 1 bis 2 Stunden in lauwarmem Wasser eingelegt. Damit wird erreicht, dass sich das Wachs nachher ohne Probleme lösen lässt. Auch zwischen den Tauchgängen kommen die Keramikplatten immer wieder in eine Wanne mit warmem Wasser.

Herstellen der Wachsgrundblätter

Der erste Schritt ist die Herstellung der Wachsgrundblätter. Dazu wird das Wachs in einer Wanne geschmolzen, die erlaubt, das gewünschte Wabenmaß möglichst vollständig zu tauchen. Der Behälter muss daher mindestens ca. 5 cm länger als die Länge des Wabenmaßes sein. Die Tiefe muss so bemessen sein, dass die ganze Platte mindestens schräg vollständig untergetaucht werden kann.

Bei der Arbeit mit flüssigem Wachs ist Vorsicht geboten. Es muss auf jeden Fall verhindert werden, dass das Wachs Brenntemperatur erreichen kann, die bei ca. 130 °C bis 150 °C erreicht wird. Ich empfehle daher, zuerst einige Zentimeter Wasser in den Behälter zu füllen und auch dafür zu sorgen, dass immer mindestens 2 cm Wasser vorhanden sind – also bei längerem Gebrauch immer wieder einmal nachfüllen. Damit wird erreicht, dass die Temperatur 100 °C nicht überschreitet, denn solange Wasser in flüssiger Form vorhanden ist, wird dieses verdampfen und nicht heisser werden. Besser ist es jedoch, wenn das Wachs nur knapp über den Schmelzpunkt erwärmt wird, also ca. auf 75 °C bis 80 °C und dort mittels eines Thermostaten gehalten wird.

Nachdem das Wachs auf seine Arbeitstemperatur gebracht wurde, kann das Ziehen der Blätter beginnen. Die nassen Formplatten werden höchstens 2 Mal kurz in das Wachs getaucht und dann zur Abkühlung auf die Seite gestellt. Auf beiden Seiten der Bretter wird sich ein dünner Wachsfilm gebildet haben.

Im nächsten Schritt wird mit einem scharfen Messer (z. B. Teppichmesser) den Seiten entlang das Wachs abgeschnitten, das geht sehr rasch. Nun können die beiden dünnen Wachsblätter mühelos von der Platte getrennt werden. Dank dem Wasser werden sie auch kaum mehr verkleben und können sofort die Seite gelegt werden. Die Platten kommen anschließend sofort wieder für kurze Zeit in die Wanne mit dem warmen Wasser, bevor sie dann neu verwendet werden.

Bei diesem Vorgehen kann ein einzeln arbeitender Imker ohne weiteres 80 bis 100 Wachsblätter pro Stunde herstellen.

Prägen der Zellstruktur

Sind die Wachsblätter vorbereitet, kann mit der Prägung der Zellstruktur begonnen werden. Die Prägewalze wird so aufgestellt, dass hinten und vorne mindestens 1 m, lieber 1.5 m Platz vorhanden ist. Ein langer Arbeitstisch ist also sehr wertvoll. Ein großes Problem der Prägewalzen ist, dass sich die Wachsblätter nur schlecht von den Walzen lösen lassen. Einige arbeiten daher mit Lösemittel. Das bedeutet jedoch, dass der Geschmack dieser Mittel (z. B. leichte Seifenlauge oder Öle) auf die Mittelwände überträgt. Eine Alternative, die dieses Problem umgeht, besteht darin, unten und oben eine dünne Plastikfolie um die Wachsblätter zu legen. Wird diese Folie so bemessen, dass ca. 3 Waben hintereinander durch die Presse gefahren werden können (also bei Zander ca. 1,4 m), dann können immer diese 3 Waben in einem Durchgang hergestellt werden. Es sollte darauf geachtet werden, dass der Rest der Folie immer zwischen den Walzen bleibt; so kann die Walze immer wieder sofort befüllt und jeweils auf die andere Seite gedreht werden. Die Arbeit geht sehr zügig voran und es gibt kein Verkleben und keine Geruchsrückstände im Wachs.

Schneiden der Mittelwände

Als Abschlussarbeit steht nur noch das Schneiden der Mittelwände an. Dafür wird wiederum eine Vorlage aus hartem Holz oder aus Keramik vorbereitet, die genau den Wabenmaßen entspricht. Für das hier vorgestellte Beutensystem braucht es also eine Vorlage, die 19,5 mal 39,5 cm für die Brutwaben und eine von 19,5 mal 9,5 cm für die Honigwaben.

Nun kann die Vorlage einfach auf die geprägten Mittelwände gelegt und mit einem Cutter der Rand abgeschnitten werden.

Position und Lage der Waben

Untersuchungen von Michael Housel

Das Y auf der Zellbasis

Michael Housel aus Orlando (US-Bundesstaat Florida) untersuchte im Jahr 2001 die Waben von wildlebenden Bienenschwärmen. Dabei stelle er fest, dass die Lage der Waben von der Position innerhalb des Bienennestes oft einem bestimmten Muster folgte. Die Lage der Wabe wurde dabei durch genaue Betrachtung der Zellbasis identifiziert. Diese hat eine pyramidenförmige Gestalt, mit jeweils 3 Flächen und 3 Kanten. Dabei kann ein Y identifiziert werden, das je nach Lage in verschiedene Richtungen zeigt.

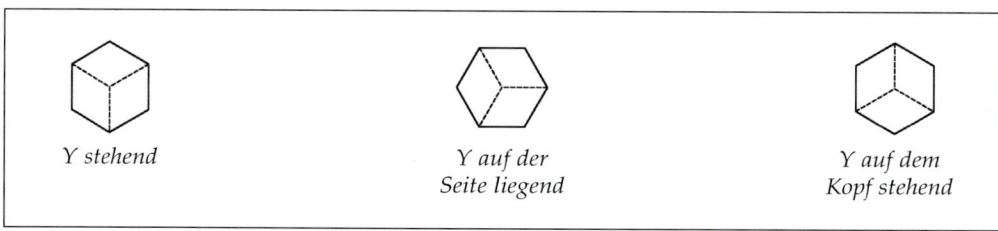

Der Zellgrund ist pyramidenförmig aufgebaut mit 3 Seiten und 3 Kanten, die nach unten ausgebildet sind. Die Kanten formen dabei ein Y.

Die Zentrumswabe

Housel stellte fest, dass die Zentrumswabe, die als erste in einem wilden Schwarm gebaut wird, eine besondere Lage aufweist. Auf dieser und nur auf dieser Wabe zeigt das Y auf die Seite. Diese dient damit als Verbindungsglied der Waben, die auf der rechten bzw. auf der linken Seite des Nestes positioniert sind. Jeder Bienenstock kann daher in zwei Hälften geteilt werden, die entweder von einer Zentralwabe geteilt sind (diese ist in einem wildlebenden Volk immer vorhanden) oder die von einer virtuellen Linie, meist in der Mitte des Nestes gebildet wird.

    Die Zentralwabe dient dem Schwarm als optimale Startbasis, um rasch neue Arbeiterinnenbrut aufzuziehen. Die Zellen sind daher in der Regel auch eher klein gebaut. Housel und Lusbys konnten nachweisen, dass die Königin diese Zellen für die Eiablage klar bevorzugt. In diesen Zellen – wie auch in den nachfolgend beschriebenen Zellen, wo das Y auf dem Kopf steht, wird die Königin schon Eier ablegen, sobald die Zell-

POSITION UND LAGE DER WABEN

 Die Zellen der Zentralwabe liegen quasi auf der Seite, diese Anordnung findet man bei richtig eingelöteten Mittelwänden nicht.

wände nur einige Millimeter ausgebaut sind. Sie wartet nicht, bis die Zelle ihre volle Länge erreicht hat. Dadurch wird möglichst wenig Zeit verloren, während der keine Bienen schlüpfen und die rasch alternden Sommerbienen ablösen können.

Wabenseiten in Richtung Zentrum

Housel stellte weiter fest, dass die Wabenseiten, die zum Zentrum hin ausgerichtet sind, beginnend also direkt rechts und links neben der Zentralwabe, das Y auf dem Kopf stehend haben. Als Erklärung dafür, dass die Königin diese Zellen bevorzugt für die Eiablage verwendet und nicht einmal auf deren Vollendung wartet, wird ins Feld geführt, dass auf der sich leicht schräg nach außen neigenden unteren Fläche die Eier besser abgelegt und gepflegt werden können.

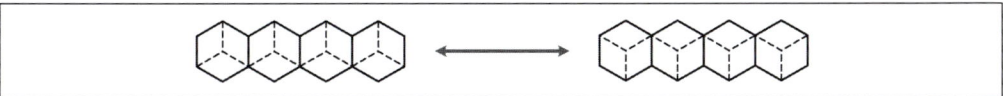

Die beiden Seiten einer Wabe: Richtung Zentrum stehen die Y auf dem Kopf (siehe links), zum Rand des Nestes hin steht das Y aufrecht.

Nach außen gerichtete Wabenseiten

Nach dem Bau der beiden Wabenseiten direkt neben der Zentralwabe, wird die Rückseite der Waben in Angriff genommen. Diese haben nun aufrecht stehende Y. Diese Seiten sind vorgesehen für die Lagerung von Pollen und Honigvorräten. Da sie den Abschluss des Nestes bilden, sind sie besonders dem Wind und Regen ausgesetzt. Hier hat das überstehende „Dach" auf dem Zellboden von Beginn an seine Vorteile, denn so können die Witterungseinflüsse weniger ausmachen. Bei den weiteren Waben wenden die Bienen nun immer wieder das gleiche Muster an: die Seite, die Richtung Zentrum der Wabe schaut, hat kopfstehende Y, die Aussenseite aufrecht stehende. Die Lusbys haben auch festgestellt, dass Weiselzellen in der Regel auf die Aussenseite der Wabe gehängt werden.

Folgerungen für die Praxis

Erfahrungen der Lusbys

Die Lusbys haben aus dieser Erkenntnis die Konsequenzen gezogen. Schon kurz nach den Gesprächen und dem Treffen mit Michael Housel haben sie erste Kontrollen und Tests in ihren Völkern durchgeführt. Die dabei gemachten positiven Erfahrungen haben sie dazu veranlasst, die rund 35.000 Wabenrahmen ihrer über 1.000 Bienenvölker einzeln zu kontrollieren und, wo nötig, durch Umkehren der Wabenrahmen in die richtige Lage zu bringen. Dass für eine solch immense Arbeit nicht nur ein „gutes Gefühl" nötig ist, sondern nachweisbare Vorteile vorhanden sein müssen, dürfte auf der Hand liegen. Als Berufsimker müssen sie jede unnötige Arbeit einsparen. Die Erfahrungen, die in den Jahren seit 2002 gemacht wurden, haben diesen Aufwand als gerechtfertigt und wirtschaftlich richtig erscheinen lassen.

Erkennen der Seiten

Der erste Schritt, um diese neue Erkenntnis in die eigene Praxis umzusetzen, ist das Erkennen der Seiten einer Wabe. Bei einer Mittelwand ist dies noch recht einfach. Man hält die Wachsplatte vor sich hin und betrachtet das Muster, das sich innerhalb der Sechsecke befindet. Ohne viel Übung wird man rasch erkennen, ob das Y aufrecht steht, oder ob es auf dem Kopf dargestellt ist.

Dreht man die Mittelwand um die vertikale Achse, d. h. so, dass die nach oben gerichtete Seite weiterhin oben bleibt, dann wird man auf der Hinterseite erkennen, dass das Y anders herum dargestellt ist. Die Hersteller der Mittelwände stellen die Waben richtig her, egal ob bewusst, aus Zufall, aus ökonomischen Überlegungen oder aus

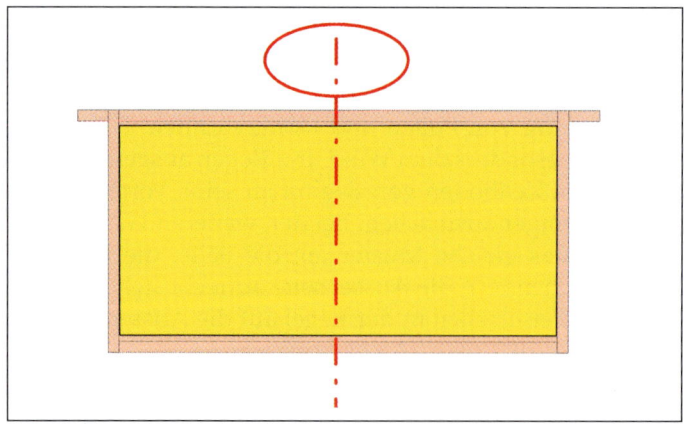

Der Wabenrahmen oder die Mittelwand muss um die vertikale Achse gedreht werden.

Tradition. Eine Mittelwand, bei der das Y liegend dargestellt ist, steht auf der Seite und sollte so nicht in den Waben eingesetzt werden (außer man möchte eine Zentralwabe herstellen).

Etwas schwieriger ist die Sache, wenn man schon ausgebaute Waben nimmt. Diese muss man gegen das Licht halten und in Zellen hineinsehen, die leer sind. Solche Zellen sind auf den meisten Waben hier und da zu finden. Da alle Zellen einer Wabe gleich aufgebaut sind, genügt für die Bestimmung eine einzelne Zelle. Auf dem Boden wird im Durchlicht sofort das Y erkennbar. Als Test kann die Wabe wiederum gedreht werden und man wird feststellen, dass die Y auf der anderen Seite wirklich umgekehrt sind.

Ich habe mich entschlossen, diejenige Seite, die auf dem Kopf stehende Y aufweisen, die also jeweils Richtung Zentrum des Nestes weisen, mit einem farbigen Reißnagel auf dem Wabenschenkel zu kennzeichnen. Damit ist für die Zukunft eine rasche Erkennung gewährleistet. Auch wenn man vermeiden sollte, die Waben im Stock umzuordnen, so kann dies nicht immer vermieden werden. Es ist wichtig, dass das Brutnest im Frühling z. B. in der Mitte steht, dafür müssen vielleicht Waben von links nach rechts umgruppiert werden. Der farbige Reißnagel ist dann hilfreich, wenn es darum geht zu erkennen, ob die Waben bei dieser Umgruppierung wieder seitenrichtig eingeordnet worden sind.

Ordnen des Bienenvolkes

Wenn man geübt hat, die Seiten der Waben voneinander zu unterscheiden, dann kommt der nächste Schritt. Bei der nächsten Kontrolle der Völker sollten alle Waben auf die richtige Lage kontrolliert und nötige Korrekturen vorgenommen werden. Als ich diese bei meinen eigenen Völkern im Herbst 2004 machte, zeigte sich, dass etwas

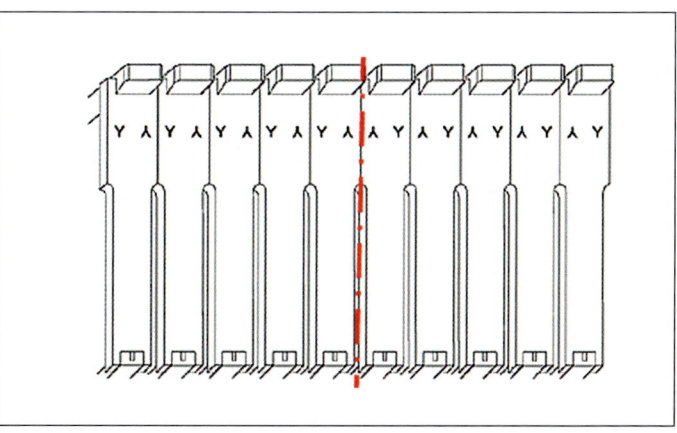

Darstellung der Anordnung der Waben in einem Magazin. In der Mitte ist die imaginäre Zentralwabe. Bei einem Hinterbehandlungskasten sollte das Zentrum ca. nach der vierten Wabe vom Flugloch aus sein.

mehr als die Hälfte der Waben die falsche Lage aufwiesen. Es war auch auffallend, dass einige dieser Waben nicht gut ausgebaut waren, während die richtig stehenden Waben kaum solche Mängel aufwiesen.

Da ich keine Zentralwabe mit liegenden Y verwenden möchte, muss ich in meinen Zargen eine virtuelle Mittellinie ziehen. Rechts und links von dieser Zentrallinie werden die Waben lagerichtig eingehängt. Jede Wabe, die kontrolliert wurde, erhält einen farbigen Reißnagel.

Muss in der Zukunft ein Wabenrahmen umgehängt werden, so wird er um die vertikale Achse gedreht, wenn er die Seite wechselt, sonst bleibt er lagengleich.

Zellengröße in Abhängigkeit der Distanz vom Zentrum

Die Lusbys haben noch eine weitere Beobachtung gemacht. Je weiter außen die Wabenrahmen sind, d. h. je weiter sich diese vom Zentrum weg befinden, umso größer werden in der Regel die Zellen, da dort auch vermehrt Honig eingelagert wird. Bei sehr guter Tracht kann es dabei durchaus vorkommen, dass die Honigzellen sogar so groß oder größer als Drohnenzellen werden. Dies ist jedoch sehr selten der Fall und kommt höchstens bei außerordentlich starker Tracht vor.

Auch diese Anordnung hat ihren Sinn in der Natur. Die äußeren Waben dienen als Schutz der inneren Arbeiterinnenbrut. Ein Honigräuber wird sich zuerst an den äußeren Waben vergreifen, dort wird er auch den begehrten Honig finden. Die Chancen stehen dann nicht schlecht, dass er die inneren Waben in Ruhe lässt. Auch bei Sturm oder Regen bewährt sich diese Anordnung. Der Wind wird zuerst die äußeren, leichter gebauten Waben zerstören und diese werden, ganz wie es bei den Knautschzonen der Autos der Fall ist, den inneren Kern gerade deswegen sichern. Bei fortgeschrittenen Bienennestern werden ja auch auf den Brutwaben der Arbeiterinnen kleinere Honig- und Pollenvorräte gespeichert und sichern so das Überleben des Volkes.

Auch in unseren kultivierten Bienenvölkern sollten wir diese natürliche Anordnung der Waben respektieren. Das bedeutet, dass wir die Arbeiterinnenbrutwaben in die Mitte, die Drohnen- und Honigwaben gegen außen im Stock anordnen sollten. Gerade bei der Regression von großen zu kleinen Zellen ist dies eine wichtige Erkenntnis. Gut ausgebaute und fehlerfreie Waben sollten in die Mitte des Brutnestes gehängt werden, gefolgt von guten Drohnenzellen und erst ganz außen können auch noch Waben angefügt werden, die mit Fehlbau behaftet sind und als Honigspeicher genutzt werden können. Im Zentrum sollten dann ca. 4 gute Arbeiterinnenbrutwaben hängen. Während der Regression werden immer mehr gute und richtig gebaute Waben anfallen und so können dann die Drohnenwaben und die Falschbauwaben langsam nach außen wandern und schließlich aus dem Stock entfernt und eingeschmolzen werden.

In der in diesem Buch vorgestellten Pressing-Methode ist das Ziel klar. In der Brutzarge sollte sich nur noch Brut und kein Honigvorrat mehr befinden. Als Ausgleich sollten dafür alle Waben Brut enthalten, hin bis zur Äußersten und auch bis in die Ecken hinaus. Aber auch hier gibt es selbstverständlich Drohnenbrut. Diese sollte gemäß den Erkenntnissen von Housel und Lusby von der lagerichtigen Positionierung immer außen am Brutnest gefördert werden, und zwar sowohl links als auch rechts.

POSITIVE WIRKUNGEN DER RICHTIGEN WABENLAGE

Aufgrund der Praxis, die Dee und Ed Lusby seit deren konsequenter Anwendung der Housel-Positionierung im Jahr 2002 eingesetzt haben, konnten wichtige Erkenntnisse zur positiven Wirkung gewonnen werden. Da sie über 1.000 Völker als „Versuchsbasis" haben, kann auch angenommen werden, dass die Resultate nicht auf Zufall beruhen, sondern dass diese neue Erkenntnis wirklich hilft, den Bienen eine natürlichere Umgebung zu gewährleisten und so den Stress abzubauen. Dahin geht auch der Hinweis, dass die Bienen nach der Richtigstellung des Stockes jeweils viel ruhiger, sanftmütiger und weniger aggressiv waren als vorher. Die wichtigsten Probleme, die sich lösten oder mindestens stark vermindert wurden sind die folgenden:

- Königinnen, die in neue Mittelwände oder neu eingebrachte und ausgebaute Waben keine Eier legen. Bei der näheren Betrachtung waren es jeweils Waben, die falsch herum und damit nicht lagerichtig platziert worden waren. Solche Verweigerungen haben sich seit der Umstellung kaum mehr ergeben.
- Überdick ausgebaute Honigwaben neben schlecht ausgebauten Waben. Diese Beobachtung kann immer wieder gemacht werden. Auch hier ist die Zellstellung ausschlaggebend. Die richtig stehende Wabe wird übervoll gebaut, während die falsch eingehängte Wabe nicht gerne angenommen wird und darum nur sehr dünn ausgebaut wird. Hängen die Waben lagerichtig im Bienenstock, so werden praktisch alle Waben gerne und gleichmäßig ausgebaut. Dies ist ein großer Vorteil besonders bei der Ernte. Überdick ausgebaute Waben werden oft während des Transportes beschädigt und der Honig läuft aus. Neben dem dadurch verursachten Verlust an Honigernte erhält der Imker auch Gerätschaften und Transportfahrzeuge, die mit dieser klebrigen Masse überzogen sind und mühsame Reinigungen nach sich ziehen.
- Verbogen oder doppelwandig ausgebaute Waben. Welcher Imker hat nicht schon erlebt, dass Waben stark verbogen ausgebaut wurden oder dass neben der Mittelwand eine zweite Wand aufgedoppelt wurde? Solche Waben müssen möglichst rasch wieder aus dem Volk entfernt werden. Dies bedeutet mehr finanziellen Aufwand für die Mittelwände und auch mehr Arbeitsaufwand für die Auswechselungen. Auch hier fanden die Lusbys in der Regel falsch platzierte Waben als Auslöser. Seit der Umstellung kennen sie dieses Problem praktisch nicht mehr.

- Waben werden mit verschiedensten Zellgrößen gebaut. In diesen Waben sind mitten in der Arbeiterinnenbrut auch große Drohnenzellen zu finden und damit erhält die Wabe einen unregelmäßiges Aussehen. Die Arbeiterinnenzellen sind zudem in solchen Fällen nicht mehr gleich groß und tendieren dazu eher größer zu werden. Auch Zellen, die wegen ihrer kleinen Größe oder flachen, schmalen Form gar nicht gebraucht werden können, entstehen.

  Solche Ausbauprobleme verschwinden ebenfalls weitgehend durch die Lagerichtigkeit. Allerdings muss darauf hingewiesen werden, dass während der Regression von größeren zu kleinen Zellen solcher Fehlbau auch bei lagerichtigen Waben vorkommt, jedoch in geringerem Maße. Fehlbau muss immer möglichst bald entfernt und durch neue Mittelwände oder bereits voll oder teilweise ausgebaute Waben ersetzt werden.

- Bienen, die sich weigern, die nächsthöhere Zarge zu besetzen. Dies war meist dann der Fall, wenn die obere Zarge viele falsch platzierte Waben aufwies und die Bienen sie einfach nicht annehmen wollten, genauso, wie sie auch einzelne solche Waben meiden. Besonders die mittleren Waben sind dabei wichtig, da diese zuerst besetzt werden. Will es der Zufall, dass gerade diese Waben falsch platziert sind, so führt dies zur Verweigerung.

- Junge Königinnen, die zur Unzeit gezogen werden. Ist ein Volk aus anderen Gründen im Stress (z. B. Varroa-Befall oder starke Tracht), so wirkt die falsch herumstehende Wabe als Schied, welches das Brutnest trennt. Auf solchen Waben kann es dann spontan zur Ausbildung von Weiselzellen kommen. Weiter oben wurde schon beschrieben, dass die Weiselzellen in der Regel auf derjenigen Seite gezogen werden, auf der die Y aufrecht stehen, also in der richtig platzierten Wabe auf der nach Außen gerichteten Wabenseite.

  Diese Wabe wurde im richtigen Fall bereits auf der Seite Richtung Zentrum ausgebaut und als Teil des regulären Nestes anerkannt. Hier werden nur Weiselzellen gebaut, wenn sich das Volk in Schwarmstimmung befindet. Wirkt die Wabe aber wegen der falschen Platzierung als Schied, so entsteht quasi ein neues Nest und hier muss natürlich auch eine neue Königin gezogen werden.

Wanderung

Zweck der Wanderung

Durch das Wandern mit diesen Bienenvölkern in trachtreiche Gebiete kann die Dauer der Trachtperiode und damit Ernte vergrößert werden. Es ist auch möglich, dass in besondere Gebiete gewandert wird, wo Sortenhonige geerntet werden können.

Die Wanderung kann aber auch „extern" ausgelöst werden, wenn ein Obst- oder Gemüseproduzent vom Imker wünscht, dass er Bienen in seine Plantage stellt, damit die Bestäubung besser und reicher ist. In diesem Fall sollte der Imker aber einen besonderen Vertrag aushandeln, wo der Produzent einen gewissen Mietpreis für die Völker entrichten muss. Dieses Verfahren ist in den USA schon viele Jahre die Regel.

Die Wanderung ist aber auch mit Gefahren für die Bienen verbunden, daher sollte sie gut vorbereitet und nicht nur um der Wanderung selbst willen durchgeführt werden. Diese Gefahren lauern beim Transport selbst (z. B. dass ein Gefährt umkippt oder dass die Bienenbeuten wegen eines starken Bremsmanövers aus dem Gleichgewicht geraten), aber auch bei der nötigen Absperrung der Bienen in ihren Beuten. Zudem besteht die Gefahr, dass sich die Bauern in einer fremden Umgebung der Anwesenheit der Bienen nicht bewusst sind und bienenschädliche Mittel spritzen.

Wichtig ist, dass die jeweils im entsprechenden Gebiet nötigen Bewilligungen eingeholt werden und die Vorschriften beachtet werden. Teilweise ist die Wanderung aus seuchenpolizeilichen Gründen verboten. Gerade solche Verbote können auch kurzfristig erlassen werden, weshalb der Imker sich immer kurz vor der Wanderung am Zielort erkundigen sollte.

Vorbereitung der Wanderung

Die Wanderung sollte möglichst sehr früh morgens erfolgen. Am Vorabend werden die Bienen noch „normal" in ihre Beute zurückkehren und sich auf eine ruhige Nacht einrichten. Am Morgen, möglichst noch während der dunklen Zeit, wird der Imker die Fluglöcher verschließen und seine Beuten mit Spanngurten sichern. Es ist wichtig, dass die Völker genügend Luft und Raum haben, mindestens jedoch soviel Raum wie am früheren Ort. Wenn also Honigräume zur Schleuderung vor der Wanderung entfernt werden, muss mindestens die gleiche Anzahl leerer Honigräume auch wieder auf das Volk gestellt werden. Wenn möglich, sollte unten durch das Bodengitter frische Luftzufuhr sichergestellt werden. Für die Bienen kann auch eine kurze Benebelung mit

Wasser gut tun, um die Traube noch mehr abzukühlen und sich zusammenziehen zu lassen. Sie wird so den Transport besser überstehen.

Der Transport

Sind die Beuten transportfertig gemacht, so sollte die Wanderung sofort und ohne Zögern durchgeführt werden. Die Beuten werden sicher verladen und festgezurrt, damit sie sich während der Fahrt nicht bewegen oder umfallen können. Etwas Rütteln beim Verlad schadet nicht, im Gegenteil, dadurch werden die Bienen verunsichert und sie werden sich noch besser zu einer geschlossenen Traube zusammenziehen. Während der Fahrt ans Ziel sollte der Motor immer laufen, auch wenn einmal eine kurze Pause eingelegt werden muss. Die Schwingungen des Motors werden auf die Bienenbeuten übertragen und sichern weiterhin die Traube der Bienen. Diese Traube wird rasch aufgelöst, wenn einmal dieses Rütteln aufhört. Das Auflösen der Traube ist aber eine Gefahr, denn dann könnten die Bienen leicht verbrausen und sterben.

Aufstellen am neuen Ort

Am neuen Ort sollten die Beuten rasch aufgestellt werden, der Kaffee muss warten. Sobald alle Beuten wieder sicher stehen und von den Spanngurten befreit sind, werden die Fluglöcher geöffnet, damit sich die Bienen in der neuen Umgebung einfliegen können.

BEKÄMPFUNG DER VARROA-MILBE

EINFACHE ERGÄNZENDE MITTEL

Bienen vor der Flugfront beobachten

Eine interessante Beobachtung hat Emanuel Gettich vor der Flugfront gemacht. Er sucht nach jungen Bienen, die im Gras der Sonne wandern. Dies seien Bienen, die von der Varroa-Milbe geschädigt und vom Volk verstoßen wurden. Je mehr solcher Bienen vor der Flugfront im Gras wandern, desto stärker ist der Varroa-Druck in den Völkern. Solche Bienen können zudem auf Missbildungen kontrolliert werden.

Gitterboden

Eine einfache und doch wirksame Methode, um den Varroa-Druck zu vermindern, ist die Verwendung von Gitterboden. Wie beim Kapitel über die Beschaffenheit des Beutenbodens schon bemerkt, wirken diese Gitterboden nicht nur als Varroa-Fallen, sondern verlangsamen die Entwicklung der Milbenpopulation. Es wurde von Harbo nachgewiesen, dass sich die Milben in Beuten mit Gitterboden rund doppelt so lange außerhalb der Zellen aufhalten. Da sich die Milben aber nur innerhalb der Brutzellen vermehren können, wirkt jede Verlängerung der durchschnittlichen Zeit außerhalb der Zelle als Bremse.

Die nützliche Varroa-Falle von Emanuel Gettich. Lebende Milben wandern unter den Schlitzen durch und werden so vom Gemüll der Bienen getrennt.

BEKÄMPFUNG DER VARROA-MILBE

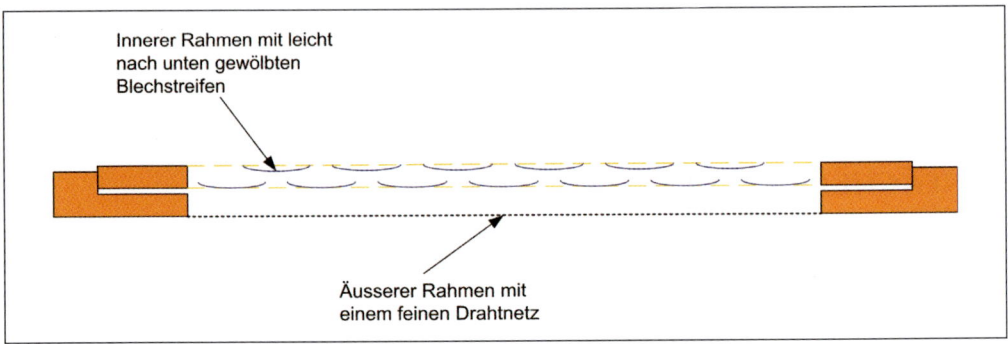

Plan der Varroa-Falle von Emanuel Gettich

Hier sieht man durch die Schlitze der Varroa-Falle hindurch, auch das Gemüll, das auf den Blechen liegen bleibt, ist erkennbar.

Unter der Falle ist ein feines Sieb, auf dem die Varroa-Milben schließlich verenden und ausgezählt werden können.

Varroa-Falle

Bekannt sind die Auffangschalen oder Bleche, die unter den Lochgittern am Beutenboden aufgestellt werden. Darin sammelt sich aber das Gemüll zusammen mit den Varroa-Milben.

Es ist daher oft sehr mühsam, die Anzahl der Milben auszuzählen, da sie teilweise sehr stark mit Gemüll vermischt sind. Gettich hat sich eine einfache Varroa-Falle gebaut, die die gefallenen, noch lebenden Varroa-Milben sehr wirkungsvoll vom Gemüll trennt. Damit kann auf einen Blick erkannt werden, wie hoch die Anzahl der Milben im Volk ist.

BEHANDLUNGSMETHODEN

Kleine Brutzellen

Wenn die Völker auf kleinen Brutzellen von 4,9 mm Größe gehalten werden, zeigen die Erfahrungen von mehreren Imkern in den USA als auch in Europa, dass es keine besondere Varroa-Behandlung mehr braucht. Die wenigen Milben, die noch im Volk vorhanden sind, können von den Bienen selbst im Griff gehalten werden und fallen durch die Reinigungstätigkeit aus dem Volk.

Die Rückführung auf kleine Brutzellen dauert aber, wie weiter oben beschrieben, und zwar rund drei Jahre. Solange die Völker noch nicht so gesund bzw. Varroa-tolerant sind, ist eine Varroa-Behandlung unbedingt erforderlich. Es stehen dazu verschiedene Methoden zur Verfügung. Die wichtigsten sind von den Bieneninstituten publiziert, und es gibt genügend Unterlagen darüber. Hier seien daher nur einige alternative Methoden erwähnt, die teilweise nicht so bekannt sind.

Vaseline im Volk

Eine Bekämpfungsmethode, die auch während der Tracht in Frage kommt, ist die Gabe von Vaseline im Brutraum. Hier bewähren sich die Isolationswaben des Systems Gettich sehr, da diese ohne weiteres und ohne Verlust an Funktionalität leicht mit Vaseline bestrichen werden können. Viele Bienen werden im Laufe der Zeit diese Wabe besuchen und dabei Vaseline an den Beinen mittragen. Wenn sie sich anschließend putzen, wird die Vaseline auf dem ganzen Körper verteilt, und so gelangt sie auch an die Varroa-Milbe. Hier können zwei Effekte auftreten:
- Die Vaseline kann die sehr kleinen Atemlöchlein am Körper der Milbe verstopfen, so dass die Milbe in der Folge erstickt.

BEKÄMPFUNG DER VARROA-MILBE

- Die Vaseline kann bewirken, dass die saugnapfartigen Füße keinen Halt mehr an der Biene finden und die Varroa abfällt. Wenn eine Varroa-Falle oder ein Varroa-Gitter unter dem Volk liegt, dann wird die Milbe nicht mehr zurück ins Volk gelangen und stirbt relativ rasch an Hunger.

Puderzucker verstäuben

Im Jahr 2001 hat der finnische Zoologe Kamran Fakhimzadeh eine Dissertation über den Einsatz von Puderzucker zur Bekämpfung und Kontrolle der Varroa-Milbe geschrieben. Daraus geht hervor, dass das Vernebeln von feinem Puderzucker (die wirksamen Teile sind nur ca. 5 µm groß) eine sehr große und mit Chemikalien vergleichbare Wirkung hat. Bei Versuchen fielen rund 92 % der auf den Bienen sitzenden Milben ab. Der große Vorteil dieser Methode ist, dass sie auch während der Tracht verwendet werden kann, da die kleine Menge an Puderzucker die Qualität des Honigs nicht beeinträchtigt, und Puderzucker selbstverständlich völlig ungiftig ist, und zwar sowohl für die Menschen als auch für die Bienen. Es wurde auch festgestellt, dass die Bienen den Staub nicht einatmen und dass der Zuckerstaub auch für die Brutzellen unbedenklich ist.

Die Wirkung des Zuckerstaubes auf die Milben ist dreifacher Art:
- Die Saugfüsse der Milben verlieren ihren Halt und die Milben fallen von den Bienen ab.
- Die Bienen werden sich sofort daran machen, den Puderzucker abzuputzen. Diese vermehrte und über den ganzen Körper sich erstreckende Putztätigkeit wird dazu führen, dass auch Milben, die den Halt noch nicht verloren haben, von der Biene entfernt werden.
- Die Varroa-Milben werden vom Zucker gestört; möglicherweise werden auch die Atemlöcher verstopft, so dass sie von ihren Wirten loslassen.

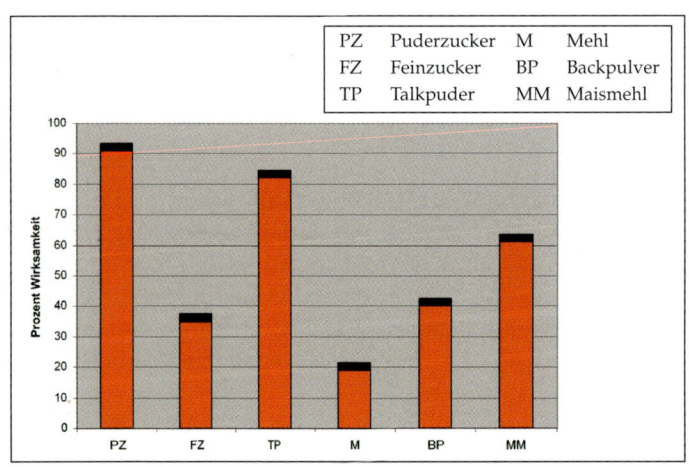

Effektivität verschiedener Pulver für die Varroa-Bekämpfung. Der Puderzucker erzielt dabei eine sehr gute Leistung. Dies bedeutet, dass bei einer korrekten Anwendung rund 92 % aller Milben von den erwachsenen Bienen abfallen.

BEKÄMPFUNG DER VARROA-MILBE

Puderzucker ist nicht nur völlig unbedenklich, er ist auch sehr wirksam. Wie unten stehende Grafik zeigt, hat er gegenüber anderen Stäuben am besten abgeschnitten. Gerade aufgrund der sehr negativen Erfahrungen mit den in den 1990er Jahren propagierten Chemikalien und deren Rückstände ist dieses Mittel sehr gut, da Rückstände weder im Honig noch im Wachs auftreten.

Puderzucker als Kontrollmethode

Eine Anwendung des Puderzuckers betrifft die Kontrolle, wie viel Varroa-Milben sich im Volk befinden. Die Anwendung wird wie folgt beschrieben:

1. Nötiges Material:
   - Ein Einmachglas mit einem Deckel, dem der innere Teil ausgeschnitten ist und ein Stück Karton, das im Innern des Deckels eingelegt werden kann, so dass er das Glas wieder bienendicht schließt.
   - Ein netzartiges Tuch, das ca. 2–3 mm große Löcher aufweist, damit die Varroa durchfallen kann, die Bienen aber zurückgehalten werden. Es eignet sich z. B. ein Wäschenetzchen.
   - Einen gehäuften Teelöffel mit Puderzucker.
2. Vorgehen:
   - Das Glas mit Deckel, aber ohne Bienen, wird auf einer Küchenwaage auf das Gramm genau gewogen und das Resultat notiert.
   - Es werden ca. 300 Bienen in das Glas abgefüllt und der Deckel mit Karton aufgesetzt.
   - Das Glas wird nun wieder gewogen. Die Differenz in Gramm mit 10 multipliziert ergibt die ungefähre Anzahl Bienen, die sich im Glas befinden.

Die Bienen sind für die Behandlung mit Puderzucker im Glas bereit und wurden vorher gewogen, um deren Anzahl zu bestimmen.

BEKÄMPFUNG DER VARROA-MILBE

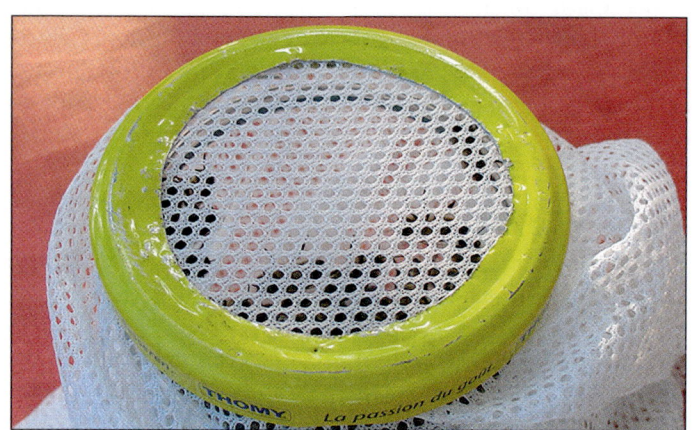

Das über das Glas gespannte Netzchen lässt die Varroa-Milbe zusammen mit dem freien Puderzucker durchfallen, während die Bienen im Glas gefangen bleiben.

Die Bienen sind nun gut mit Puderzucker überzogen und hier weiß im Glas erkennbar. Sie bleiben bei dieser Behandlung ruhig, beginnen sich aber bald zu reinigen. Schon nach 2 bis 3 Minuten sind die meisten Varroa-Milben abgefallen und können sich wegen des Zuckerstaubes nicht mehr an den Bienen festhalten.

Nach einer Wartezeit von 2 bis 3 Minuten wird das Glas umgekehrt und geschüttelt. Die nun freien Varroa-Milben fallen durch das Netz auf die weiße Unterlage und verenden schon nach wenigen Minuten. Nun können sie ohne weitere Probleme ausgezählt werden.

- Den Deckel öffnen und den Karton entfernen, an dessen Stelle kommt das Netz. Es wird gut gestrafft mit dem Deckel auf das Glas aufgeschraubt.
- Nun wird der Puderzucker durch das Netz in das Glas eingefüllt.
- Als Nächstes wird das Glas auf einer Unterlage hin- und hergerollt, damit sich der Puderzucker gut auf allen Bienen verteilt.
- Nachdem die Bienen gut eingepudert sind, wird das Glas ca. eine Minute ruhen gelassen.
- Schließlich wird der übrige Zucker zusammen mit den Milben aus dem Glas auf eine weiße Unterlage geschüttelt, so wie man einen Salzsteuer einsetzt.
- Die Milben, die fast zu 100 % von den Bienen abgefallen sein werden und sich während des Schüttelns nicht mehr an ihren Wirten festhalten können, können nun problemlos gezählt werden. Sie werden auf dem Puder auch nicht mehr kriechen können.

Dieses Verfahren hat den großen Vorteil, dass eine kontrollierte Menge an Bienen verwendet wird, die nicht von der Art der verwendeten Beute abhängt. Zudem werden praktisch alle Milben, die auf diesen Bienen sitzen, erfasst. Die daraus sich ergebende Statistik ist also sehr aussagekräftig. Mit der berechneten Anzahl Bienen und der ausgezählten Anzahl Milben kann ohne weiteres der Befall in Prozenten berechnet werden. Daraus können sehr gute Schlüsse über die Notwendigkeit der Behandlungen gezogen werden.

In der Folge noch die Interpretationen, die im Internet-Bericht publiziert worden sind:
- Wird während der brutlosen Zeit gemessen und beträgt der Befall 12 % der Bienen (also 12 Milben auf 100 Bienen) oder höher, muss mit einer erhöhten Sterblichkeit im Winter gerechnet werden.
- Völker mit mehr als 25 % Milben werden den Winter mit großer Wahrscheinlichkeit nicht überstehen.
- Wird im Herbst bei Vorhandensein von Brut gemessen, so soll die Menge nicht 3 % übersteigen, sonst sind Maßnahmen gegen die Varroa-Milbe dringend angezeigt.

Puderzucker als Mittel gegen die Varroa

In einem anderen Bericht des Amerikaners Jim Fischer wird vom Einsatz von Puderzucker gegen die Varroa-Milben berichtet. Er schreibt zur Wirksamkeit: „Wenn sie die Puderzucker-Staub-Methode anwenden, werden sie wahrscheinlich innerhalb der ersten Stunde mehr Milben fallen sehen, als sie je gesehen haben, ja sogar mehr, als nach 48 Stunden bei der Anwendung von Varroa-Chemikalien. Was ich gesehen habe, könnte nur noch durch einen nuklearen Volltreffer auf den Bienenstock übertroffen werden …"

Hier also seine Methode:
- Es soll möglichst reiner und sehr fein gemahlener Puderzucker verwendet werden. Wie oben bereits erwähnt, sind nur die Teile sehr wirksam, die 5 µm oder kleiner sind.

- Der Puderzucker soll an einem trockenen Tag durch ein möglichst feines Küchensieb geschüttelt werden, um die größeren Teile zu entfernen. Dieser Siebvorgang soll zweimal durchgeführt werden. Das zweite Mal wird der Zucker in einen sehr dicht abschließbaren Behälter gefüllt werden, wo auch keine Feuchtigkeit eindringen kann. Dem Behälter wird noch etwas Reis dazugegeben, der allfällige Feuchtigkeit aufnehmen kann.
- Für die Anwendung wird der Puderzucker am besten in eine Babypuderdose abgefüllt – natürlich nachdem diese geleert und gut gereinigt und gewaschen wurde. Diese Plastikdosen eigenen sich hervorragend, um einen sehr feinen Nebel zu erzeugen und sind sehr kostengünstig.
- Nun wird eine Wabe nach der anderen aus dem Stock entfernt und auf beiden Seiten mit einer Staubwolke Puderzucker bedient. Dazu sollte bei einiger Übung ein einmaliges Zusammendrücken der Dose pro Seite genügen. Möglichst alle Bienen sollten so einen weißen Schleier bekommen haben. Offene Brut sollte nicht direkt behandelt werden, doch haben Erfahrungen gezeigt, dass der feine Puderzucker den Larven nichts antut.
- Die Varroa-Milben werden nun wie bei der Kontrollmethode von den Bienen abfallen und durch das Varroa-Gitter am Boden gefangen. Dort verhungern sie und können bedenkenlos entfernt werden.
- Diese Behandlung kann praktisch beliebig oft wiederholt werden. Doch ist es nicht empfehlenswert, die Völker zu häufig derart auseinander zu nehmen. Rein rechnerisch wären drei oder vier Anwendungen in einem Abstand von jeweils 7 Tagen optimal, da dann die geschlüpften Varroa-Milben vor deren neuer Eiablage erfasst würden.

    Doch ist dies ein sehr großer Eingriff in das Bienenvolk und nur bei sehr starkem Befall zu verantworten, vom erheblichen Aufwand bei der Behandlung zahlreicher Völker ganz abgesehen. Jim Fischer behandelt seine Völker kaum mehr als einmal im Monat, dabei sind die Monate Juni bis Oktober besonders wichtig, da sich zu dieser Zeit die Varroa-Milbe besonders stark vermehrt.

Auch in dieser Hinsicht bewährt sich die Pressing-Methode. Da pro Volk nur eine einzige Brutzarge vorhanden ist, kann viel rascher ein wesentlicher Anteil der Bienen behandelt werden.

Ätherische Öle

Wirkungsweise

Viele ätherische Öle sind für Milben giftig. Je nach Menge sind viele aber auch für Menschen nicht unbedenklich, ja können auch giftig sein. Es ist daher sehr vorsichtig mit diesen Stoffen umzugehen.

BEKÄMPFUNG DER VARROA-MILBE

Die ätherischen Öle werden von der Varroa-Milbe durch die Atmungsorgane oder mittelbar durch das Saugen der Körpersäfte der Biene aufgenommen. Dort entfalten sie ihre giftige Wirkung.

Günstige ätherische Öle

Günstig in Bezug auf die Anwendung als Varroa-Bekämpfung sind Öle, die den Bienen keinen Schaden anrichten, die jedoch für die Varroa möglichst tödlich wirken. Der nebenstehende Auszug einer Tabelle (S. 126) stammt aus der Schweizerischen Bienen-Zeitung aus dem Jahre 2002.

Die kanadische Honigbehörde veröffentlichte im Internet folgende Tabelle zur Bienenverträglichkeit von ätherischen Ölen: Die LD50-Dosis ist diejenige Menge eines Stoffes, der verwendet werden kann, bis 50 % der entsprechenden Lebewesen (hier die Bienen) sterben.

Öl	LD_{50} – Dosis erreicht mit folgender Menge (ppm = Teile pro Million)
Menthol	Auch mit der höchsten sinnvollen Dosis konnte keine Sterblichkeit festgestellt werden (Kevan et al. 1999)
Cinnamon	150 ppm
Clove oil	200 ppm
Pinene	1.500 ppm
Thymol	100 ppm
Wintergrün	500 ppm
Niemöl	von 100 bis 1.000 ppm (die Bienen nahmen Niemöl nicht gerne als Futter an)

Daraus ist ersichtlich, dass es einige gute Kandidaten gibt, welche die Milben abtöten, von den Bienen jedoch gut vertragen werden. Andererseits sollte das Öl auch für den Menschen verträglich sein, denn es könnte ja allenfalls in den Honig gelangen.

Ich selbst habe mich im Jahr 2003 entschlossen, Pfefferminzöl gegen die Varroa bei meinen Völkern einzusetzen. Ausschlaggebend waren folgende Punkte:
- Die oben erwähnte Studie hielt fest, dass es für Menthol keine tödliche Dosis für Bienen gibt (Menthol ist der Hauptbestandteil von Pfefferminzöl). Dies relativiert die Bienensterblichkeit gemäß obiger Tabelle.

BEKÄMPFUNG DER VARROA-MILBE

Sterblichkeit von Milben und Bienen. Diese wurden den Dämpfen verschiedener ätherischer Öle in kleinen Käfigen ausgesetzt. Aufgelistet sind nur jene Öle, wo die Milben nach 72 Stunden zu 100 % gestorben waren (Liste von Hoppe 1990, publiziert in der Schweiz, Bienen-Zeitung 4/2002).

Bezeichnung des Öls	Sterblichkeit nach 72 h	
	Bienen	Milben
Anis	5%	100%
Fenchel	2%	100%
Gewürznelke	2%	100%
Grüne Minze	15%	100%
Japanische Pfefferminze	25%	100%
Knoblauch	100%	100%
Koriander	40%	100%
Kümmel	17%	100%
Lavendel	2%	100%
Majoran	15%	100%
Margeriten	17%	100%
Melissen	8%	100%
Orangenblüten	18%	100%
Oregano	87%	100%
Pfefferminze	48%	100%
Rosmarin	3%	100%
Thymian	92%	100%
Wermut	95%	100%
Wintergrün	7%	100%
Zimt	7%	100%
Zwiebel	100%	100%

- Pfefferminzöl ist in geringen Dosen für den Menschen absolut ungefährlich und wird in vielen Bereichen der Lebensmittel eingesetzt. Betont sei aber, dass konzentriertes Pfefferminzöl auch giftig sein kann, besonders für Kleinkinder.
- Berichte aus England haben gezeigt, dass bei Bienenständen, bei denen viel Pfefferminze wächst, viel weniger Probleme mit der Varroa-Milbe festgestellt wurden.
- Schließlich ist Pfefferminzöl im Gegensatz zu anderen ätherischen Ölen vergleichsweise günstig.

Dabei habe ich es mit Vaseline und Olivenöl vermischt auf die Unterlagen aufgebracht, von wo das Pfefferminzöl langsam in den Stock verdunstete. Andererseits habe ich auch das flüssige Futter der Bienen mit jeweils einem Milliliter Pfefferminzöl pro Liter Futter gemischt. Damit wurde das Futter auch an die Larven abgegeben und das Öl konnte in den verdeckelten Zellen auf die dort sich fortpflanzenden alten Milben, wie auch auf den Nachwuchs wirken. Die Erfahrungen waren bis ins Jahr 2004 sehr gut und ich hatte nach den Behandlungen nur noch einen kleinen Totenfall an Milben zu verzeichnen. Selbstverständlich kann diese Fütterungsmethode nur bei Ablegern und während der Herbstauffütterung verwendet werden, da sonst der Honig verfälscht würde.

Im Internet sind für den interessierten Imker auch Versuche mit anderen Ölen zu finden, die erfolgversprechend klingen.

Zerstäubung von Vaseline Öl

Ungiftiges Öl im Einsatz

Seit 1996 erprobt der spanisch-amerikanische Veterinär und Imker Dr. Pedro P. Rodriguez eine Methode der Bekämpfung der Varroa-Milbe mittels Vaseline-Öl. Ausgehend von seinen Erfahrungen in der Milbenbekämpfung bei anderen Haustieren, wo er ebenfalls erfolgreich Vaseline-Öl einsetzte, ging er davon aus, dass dieses Mittel auch für Varroen interessant sein könnte. Vaseline-Öl hat den Vorteil, dass es ungiftig ist und auch bei anderen Lebensmitteln eingesetzt wird. Seine Methode hatte als Ergänzung zu anderen Bekämpfungsmaßnahmen guten Erfolg. Seit 1997 hat Dr. Rodriguez sogar voll auf diese Methode gesetzt und bei seinen Bienen keine erheblichen Verluste mehr erfahren. Eine Rückstandsanalyse des Honigs hat auch gezeigt, dass das Öl nicht im Honig nachweisbar ist.

Vernebelung des Öls im Bienenkasten

Nach ersten Versuchen, bei denen dieses Öl mit der Pipette auf die Wabenrahmen träufelte oder das Öl mit einer Flasche und einem Docht zu den Bienen leitete, kam schließlich seit 1998 die Methode mittels Vernebelung des Öls zum Einsatz. Dabei wird das Öl mit einer gasbetriebenen Einrichtung in Nebel mit einer Tropfengröße von ca. 15 μm

BEKÄMPFUNG DER VARROA-MILBE

Der Vaselineöl-Vernebler arbeitet mit Gas. Das Öl wird in der gut sichtbaren Heizschlange in Dampf verwandelt und strömt dann mit Druck aus der vorderen Öffnung. Vor der Applikation muss der Verdampfer ca. 3 Minuten vorgewärmt werden.

Vor dem Einlassen des Dampfes in den Stock werden die Bienen mit einem kleinen Nebelstoss vertrieben, die vor dem Flugloch sitzen. Dies ist gleichzeitig der Test, ob die Pumpe gut funktioniert und die Verdampfung reagiert.

Mit einem einzelnen Pumpstoss wird der Dampf erzeugt, der nun direkt in das Flugloch der Beute geblasen wird. Die Temperatur ist schon nach ca. 5 cm nur noch handwarm und schadet den Bienen nicht. Die ganze Behandlung dauert ca. 5 Sekunden pro Volk.

(Mikron) umgewandelt und in den Bienenstock geleitet. Pro Anwendung wird nur ca. 4 bis 6 Sekunden Nebel eingeleitet, was viel kürzer ist, als z. B. die Verdampfung von Oxalsäuredihydrat andauert.

Der Ölnebel legt sich auf die Bienen und wird von diesen auch eingeatmet. Da die Tröpfchen so klein sind, schaden sie den Bienen nicht. Für die Milben, sei dies die Varroa oder die Tracheenmilbe, bedeutet der Nebel aber, dass die Atemlöcher verstopft werden und die Milbe erstickt. Der Ölfilm bewirkt zusätzlich, dass sich die Bienen zu putzen beginnen und damit auch noch Milben abfallen, denen das Öl nichts angetan hat. Da die Milben, ähnlich wie bei der Puderzuckermethode, aufgrund des Öls den Halt auf den Bienen verlieren, fallen sie beim Putzen auch leichter ab. Die Erfahrungen über die Jahre zeigten, dass rund 50 bis 60 % der Milben so von den erwachsenen Bienen abfallen und aus dem Stock entfernt werden können. Als Unterlage wurden immer Beuten mit Gitterboden verwendet, damit lebende Varroen nicht mehr auf andere Bienen aufsteigen konnten. Da das Vaseline-Öl ungiftig ist und auch bei anderen Anwendungen in der Lebensmittelindustrie verwendet wird, wurde diese Behandlung das ganze Jahr, jeweils in Abständen von 2 bis 3 Wochen durchgeführt, unabhängig, ob eine Trachtperiode vorhanden war oder nicht. Die von Dr. Rodriguez in Auftrag gegebenen Laboruntersuchungen des Honigs zeigten, dass trotzdem keine Rückstände des Öls im Honig nachgewiesen werden konnten. Zu beachten ist in unseren Breitengraden natürlich, dass eine solche Behandlung nur durchgeführt werden darf, wenn das Wetter so warm ist, dass die Bienen ohne Gefahr ausfliegen können, da die Vernebelung im Kasten die Bienen stört und sie daher teilweise aus dem Kasten flüchten.

Thymol oder andere ätherische Öle als Zusatz

Um die Wirksamkeit seiner Methode zu vergrößern, wählte Dr. Rodriguez Thymol aus. Dieses mischt er zu rund 3 % in das Vaseline-Öl ein. Durch diese eher geringe Konzentration sei die Gefahr, so Dr. Rodriguez, dass die Bienen durch das Thymol geschädigt werden, sehr klein, anderseits sei die Wirkung gegen die Milben stark erhöht, da Thymol bekanntlich giftig für die Milben wirkt. Dieser Einsatz hat aber natürlich seinen Preis. Nun kann die Vernebelung nur noch dann stattfinden, wenn keine Tracht herrscht und keine Honigräume aufgesetzt sind, da sonst das Thymol auch in den Honig gelangen würde. Geschmack und Geruch des Honigs würden durch die Rückstände leiden.

Weitere Alternative ist Pfefferminzöl

Anstatt des für die Bienen eher riskanten Thymol könnte auch Pfefferminzöl die gleiche tödliche Wirkung auf die Milben haben, aber für die Bienen schonender sein. Dies hat mich bewogen, meine Tests mit 5 ml Pfefferminzöl pro Liter Vaselineöl durchzuführen. Das Gemisch wurde verdampft und in die Bienenstöcke geblasen. Bei der

Anwendung dieses Versuches an 8 Bienenstöcken im Jahre 2005 waren keine besonderen Bienenverluste zu beklagen und auch keine Königinnenverluste. Die Anzahl der nach der viermaligen Behandlung natürlich noch fallenden Milben war sehr gering (ca. 2 pro Woche), was auf eine gute Effektivität schließen läßt.

Entfernung von Drohnenbrut

Die Entfernung von Drohnenbrut wurde bereits weiter oben erwähnt. Vielfach werden Baurahmen ohne Mittelwände in die Völker gegeben, wo die Bienen Drohnenwaben erstellen werden. Diese Brutwaben werden dann nach deren Verdeckelung wieder aus dem Volk entfernt und damit auch sehr viele Varroa-Milben, da sich diese bekanntlich besonders gerne in den Drohnenzellen vermehren. Da jederzeit während der Brutperiode rund 75 % der Milben in den Zellen sind, ist diese Methode für die Verzögerung des Milbenmengenwachstums sehr wirksam.

Ameisensäure und Oxalsäure

Einsatz der organischen Säuren

Als organische Säuren sind Ameisensäure und Oxalsäure als Varroa-Bekämpfungsmittel sehr beliebt und sie werden als Alternative zu chemischen Produkten eingesetzt. Die Säuren werden in geringer Konzentration von den Bienen gut vertragen. Jede Säure wirkt aber auf alle Lebewesen ätzend. Für die Milben sind sie tödlich, weil es viel kleinere Tiere sind, für die Bienen sollten die Säuren nicht tödlich wirken. Wie mit vielen anderen Mitteln gilt aber auch hier die Feststellung von Paracelsus, es ist die Menge, die über positive Wirkung oder Gift entscheidet. Wendet der Imker zuviel Säure an, so ist eine ernsthafte Schädigung der Bienen durchaus möglich. Bei den heute oft eingesetzten 60- bis 80%igen Konzentrationen bei der Ameisensäure sind leichtere Schädigungen an den Bienen auf jeden Fall zu erwarten. Dass die Oxalsäure in dieser Hinsicht der Ameisensäure nicht nachsteht, kann schon daran abgelesen werden, dass für deren Anwendung eine Vollgasmaske Vorschrift ist. Diese Schäden führen zwar nicht zum Tode – und hauptsächlich dies wird in der Forschung beachtet – aber es ist nicht auszuschließen, dass die Verätzungen die Bienen schwächen und sie deshalb an einer anderen Krankheit zugrunde gehen.

Trotz dieser kritischen Seiten der Säuren werden sie von den Bieneninstituten empfohlen und sind sogar in der biologischen Imkerei erlaubt und empfohlen.

Über die Anwendungsarten der Ameisen- und Oxalsäure sei auf die diversen Instruktionen der Bieneninstitute oder der Hersteller von entsprechenden Geräten verwiesen. Diese Instruktionen sollten genau eingehalten werden, da sonst einerseits die Wirkung vermindert wird, andererseits auch die Völker oder der Imker erheblichen

Schaden nehmen könnten. Noch einmal sei hier auf die Wichtigkeit der Schutzmasken und Augenschutzbrillen hingewiesen.

Wirkung der Säuren auf Kleinstlebewesen

Verschiedene Forschungen haben gezeigt, dass es eine erhebliche Vielfalt an Kleinstlebewesen in einem Bienenstock gibt. Zu diesen Mitgliedern der so genannten Mikrofauna und -flora gehören Bakterien, kleinste Insekten, Milben und auch Pilze. Diese Mikroorganismen leben in Symbiose mit den Bienen, d. h. sie schaden den Bienen nicht, sondern es besteht ein Gleichgewicht des Nutzens auf beiden Seiten. So gibt es diverse Kleinstlebewesen, die Schädlinge vom Bienenvolk abhalten. Leider gibt es bis heute keine konkreten Forschungsprojekte darüber, inwieweit diese Mikroorganismen durch den Einsatz von organischen Säuren gestört oder sogar zerstört werden. Aufgrund der allgemeinen Kenntnis, dass gerade die Mikrofauna auch in anderen Bereichen, z. B. in der Gartenerde, besonders empfindlich ist und auch mit ernsthaften Störungen reagiert, wenn die Säurehaltigkeit der Umgebung verändert wird, muss gefolgert werden, das diese Lebewesen auch im Bienenstock vom Einsatz der Säuren ernsthaft geschädigt werden.

Kleiner Beutenkäfer

Gefahr des Schädlings

Der kleine Beutenkäfer (*Aethina Tumida*) ist ein im südlichen Afrika beheimateter Bienenschädling. Die dortigen Bienen leben jedoch mit dem Käfer in einem ausgeglichenen Verhältnis, in dem sie ihn durch ein eher aggressives Verhalten in einer unschädlichen Populationsgröße halten.

Die Gefahr des Käfers ist erheblich, so schreibt das deutsche Bundesministerium für Verbraucherschutz, Ernährung und Landwirtschaft in der 2004 erschienenen Broschüre: „Die möglichen Auswirkungen auf die europäische Bienenhaltung wären enorm. In Deutschland werden von ca. 90.000 Nebenerwerbs- und mehreren hundert Erwerbsimkern bisher ca. 900.000 Bienenvölker gehalten. Gingen diese Völkerzahlen zurück, hätte dies nicht nur Einfluss auf den Honigertrag (ca. 30.000 t Honigertrag entsprechen 200 bis 250 Mio.), sondern auch auf die Bestäubungsleistung, die Honigbienen für Feld- und Obstbau verrichten." Auch die Schweizer Behörden sprechen von einer „ernstzunehmenden Bedrohung für Bienenzucht und Wildbienen in Europa" und warnen vor dieser neuen Gefahr für die Imkerei.

Der Käfer bedroht nicht nur die Völker selbst. Seine Larven fressen sich in Tunneln durch die Honigwaben und hinterlassen eine Kot- und Schleimspur. Durch diese Verunreinigung ist der Honig unbrauchbar und beginnt rasch zu gären. Neben dem Volk verliert der Imker dadurch auch noch den schon eingebrachten Ertrag. Honigwaben, die für die Schleuderung gestapelt werden, sind für den kleinen Beutenkäfer sehr attraktiv, auch sie wird er rasch und gründlich zerstören. Die bisher in vielen größeren Imkereien praktizierte Zwischenlagerung in Scheunen wird dadurch verunmöglicht.

Der kleine Beutenkäfer dürfte die nächste ernsthafte Bedrohung der Bienenzucht darstellen. Hier ist ein erwachsenes Exemplar zu sehen.
(Photo: Jeffrey Lotz, Florida Dept of Agriculture & Consumer-Services)

KLEINER BEUTENKÄFER

VERBREITUNG DES KÄFERS

1996 ist der kleine Beutenkäfer wahrscheinlich mit einem Schiff nach Kalifornien gelangt. Dort richtete er schon im darauf folgenden Jahr Schäden an den Bienenvölkern in Millionenhöhe an. Da die dortigen Bienen, wie auch unsere europäischen Stämme, den Käfer nicht kennen und ihn nicht an seiner ungehemmten Fortpflanzung hindern, sind Tausende von Bienenvölkern eingegangen und noch mehr Wabenrahmen mussten wegen der Verseuchung verbrannt werden. Im Jahr 2000 ist der Schädling auch in Australien das erste Mal aufgetreten und hat erste Schäden verursacht. Dort ist aber offenbar ein weniger virulenter Käferstamm vorhanden, weshalb sich die Schäden in Grenzen hielten. Seit einigen Jahren ist der kleine Beutenkäfer zudem in Ägypten gefunden worden und damit sehr nahe an Europa gelangt. Noch im Sommer 2004 erklärte das Deutsche Bundesministerium für Landwirtschaft: „Zwar wurde der Kleine Beutenkäfer bisher in Europa noch nicht gefunden, jedoch besteht die ernste Gefahr, dass er unbeabsichtigt hierher eingeschleppt wird." Diese Einschätzung wurde bereits im Oktober von der Wirklichkeit bestätigt, als in Portugal das erste Mal der Käfer entdeckt wurde. Der Käfer war in einer Lieferung Bienenköniginnen, die trotz Verbots der EU importiert wurden. Ob die dortige rasche und gründliche Vernichtung der Bienenvölker und die Desinfektion des umgebenden Bodens den Käfer unschädlich machen konnte, wird sich weisen. Es kann jedoch davon ausgegangen werden, dass dies nicht der letzte und vielleicht auch nicht der erste Fall von Einschleppung des Käfers gewesen ist.

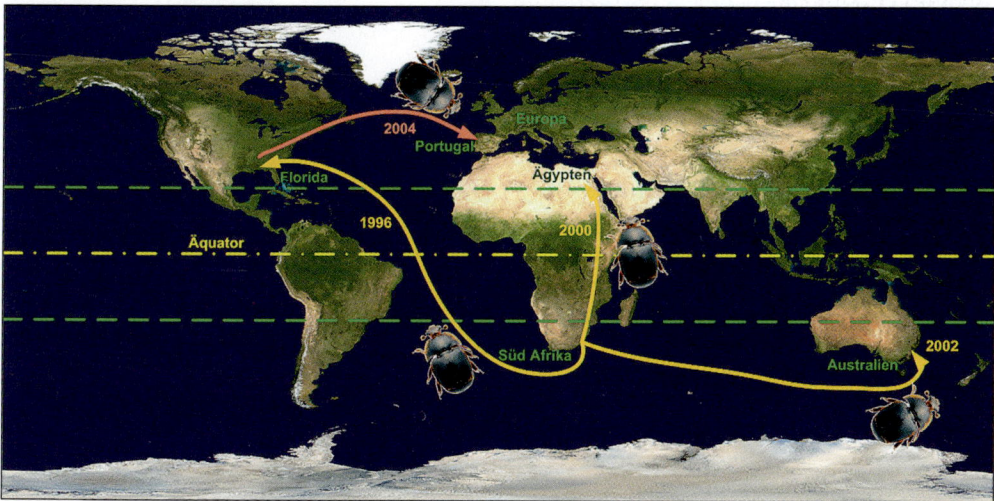

Diese Karte zeigt die Verbreitung des kleinen Beutekäfers. Nach den Invasionen der USA (1996) und Australiens (2002) wird erwartet, dass er bald auch in Europa Fuß fasst. In Portugal wurde er bereits entdeckt. (Photo: Jeffrey Lotz, Florida Dept of Agriculture & Consumer-Services, Karte von NASA Blue Marble)

KLEINER BEUTENKÄFER

INFORMATIONEN ÜBER DEN KÄFER

Bienenimporte können gefährlich sein

Eine ernstzunehmende Gefahr für die Einschleppung des Käfers sind Bienenimporte aus Gebieten, in denen der Käfer schon vorkommt. Dazu gehören Nordamerika (USA und Kanada), Afrika südlich der Sahel-Zone, Ägypten und Australien. Der Käfer kann sowohl zusammen mit einzelnen Bienen reisen als auch selbstverständlich in ganzen oder Teilen von Völkern. Seine Eier können an Bienengeräten jeglicher Art und auch im oder am Wachs anhaften und werden wegen deren sehr kleiner Ausdehnung kaum entdeckt.

Gerade die Imkerschaft sollte daher besonderes Interesse daran haben, die Importbeschränkungen und -verbote, die von der Europäischen Union erlassen wurden, genau zu befolgen.

Erkennen des kleinen Beutenkäfers

Der erwachsene Käfer

Der erwachsene kleine Beutenkäfer ist von rotbräunlicher Farbe, wird aber bald schwarz. Er ist ca. 5,2 mm lang, 3,2 mm breit und 2,5 mm hoch. Er lebt bevorzugt in Bienenvölkern und ernährt sich von Honig, Bienenlarven und Bieneneiern. Er kann aber auch von faulenden Früchten leben.

Der Käfer kann sehr gut fliegen und ohne Probleme einem Bienenschwarm beim Ausflug folgen. Um ein anderes Bienenvolk als Gast zu finden, fliegt er auch über Strecken von 10 bis 15 km. Er ist innerhalb weniger Wochen fortpflanzungsfähig, und ein Käferweibchen kann in ihrem vier bis sechs Monate dauernden Leben einige tausend Eier legen.

Frisch geschlüpfte kleine Beutenkäfer haben eine bräunliche Farbe, danach werden sie schwarz. (Photo: Prof. Dr. Gerald Kastberger, Institut für Zoologie, Universität Graz, aus seinem Video-Dokumentarfilm über den kleinen Beutenkäfer, der bei ihm bezogen werden kann.)

KLEINER BEUTENKÄFER

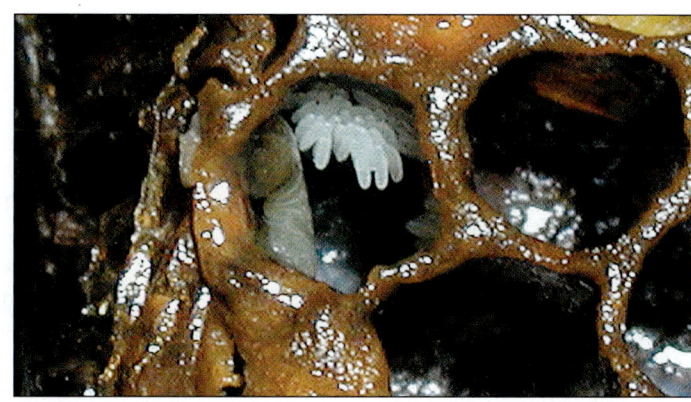

Die kleinen Beutenkäfer suchen für die Eier, die in größeren Gelegen abgelegt werden, Ritzen und andere Stellen, wo die Bienen nicht gut reinigen können.
(Quelle: Amanda Frake, USDA ARS Honey Bee Breeding, Genetics, and Physiology; Lab, Baton Rouge, Louisiana)

Die Eier des kleinen Beutenkäfers

Der kleine Beutenkäfer legt seine Eier in großen Gelegen in Ritzen und Spalten der Beute. Sie sind weißlich und nur 1 mm lang und 0,26 mm breit, also ca. zwei Drittel so groß wie die Eier der Bienen. Aufgrund dieser Winzigkeit sind einzelne Eier kaum zu entdecken, nur Gelege sind gut sichtbar, wenn die Ritzen genau beobachtet werden. Die Gelege werden teilweise aber auch in Brutzellen oder in Zellen, die Pollen enthalten, gelegt.

Larven des kleinen Beutenkäfers

Nach zwei bis sechs Tagen schlüpfen die Larven des Käfers und beginnen ihr zerstörerisches Werk in den Beuten. Sie bevorzugen Bieneneier und Brut, verachten aber auch den Honig oder die Pollen nicht. Sie bohren sich durch die Brut- und Honigwaben und hinterlassen eine Kot- und Schleimspur, die den Honig ungenießbar macht.

Da in eine einzelne Brutwabe durchaus 3.000 bis 6.000 Eier gelegt werden können, kann ein Volk sehr rasch dem Untergang geweiht sein. Die Bienenköniginnen unterbre-

Hier sind die grossen Gelege des kleinen Beutenkäfers besonders gut sichtbar. Auf einem Brutrahmen können bis zu 3000 Eier abgelegt werden!
(Photo: Prof. Dr. Gerald Kastberger, Institut für Zoologie, Universität Graz)

KLEINER BEUTENKÄFER

Die Larven des kleinen Beutenkäfers haben Ähnlichkeit mit denjenigen der Wachsmotte. Sie sind aber eher bräunlich, und insbesondere unterscheiden sie sich durch sechs gut ausgebaute Beine hinter dem Kopf.
(Photo: Jeffrey Lotz, Florida Dept of Agriculture & Consumer Services)

chen bei starkem Befall die Eiablage und das Volk flüchtet oder bricht zusammen.

Die Larven sind sehr gut von den Larven der Wachsmotte zu unterscheiden, da sie kurz hinter dem Kopf sechs gut ausgebaute Beine haben.

Nach zwei bis vier Wochen sind die Larven ausgewachsen und kommen in das Wanderstadium. Interessanterweise sammeln sie sich und kriechen dann gemeinsam dem Licht entgegen, d. h. dem Flugloch der Beute. Dort lassen sich auf den Boden fallen und suchen eine möglichst sandige Stelle, wo sie sich schliesslich in die Erde bohren und in ca. 10 cm Tiefe den letzten Schritt, die Metamorphose, zum Käfer durchmachen.

Lichtscheue Käfer

Die Käfer sind äußerst lichtscheu und reagieren stark auf eine Störung des Brutnestes durch den Imker. Im guten Fall lassen sich die Käfer auf den Beutenboden fallen; gut deshalb, weil sich damit eine Möglichkeit auftut, den Käfer zu fangen und unschädlich zu machen. Im schlechten Fall kann eine Störung verursachen, dass die Weibchen sofort mit der Ablage Hunderter von Eiern reagieren, was unbemerkt bald zur Vernichtung des Volkes führt.

Hier ist eine Brutwabe dicht mit geschlüpften Larven besetzt. Ist das Volk so verseucht, kann der Imker keinen Ertrag mehr erwarten und muss damit rechnen, dass das Volk eingeht.
(Photo: Jeffrey Lotz, Florida Dept of Agriculture & Consumer Services)

Bevorzugtes Lebensumfeld des Käfers

Klima

Die Käfer stammen ursprünglich aus dem subtropischen Klima Afrikas. Demzufolge bevorzugen sie natürlich auch die warmen Temperaturen. Unter 20 °C ist der Käfer kaum aktiv und wird sich nicht vermehren. Auch der Boden muss mindestens 10 °C aufweisen, damit die Larven überleben. Damit ist eine gewisse Eindämmung des Käfers in Mittel- und Nordeuropa möglich, da er mindestens im Spätherbst und Winter kaum noch gute Überlebensmöglichkeiten außerhalb der Bienenvölker findet.

Die Käfer können aber den Winter sehr gut in der Bienentraube überleben. Es wurden in den USA in kalten Wintern Bienenvölker mit mehreren Hundert Käfern gefunden. Er wartet da ab, ohne sich zu vermehren, bis wieder günstigere Lebensumstände seine Fortpflanzung erlauben.

Bodenbeschaffenheit

Ein zweiter wichtiger Bereich des Umfeldes des Käfers ist die Bodenbeschaffenheit. Die Larve braucht für die Metamorphose Erde, die sie gut durchdringen kann, um sich zu verpuppen. Sie bevorzugt dafür sandigen, weichen und etwas feuchten Boden. Dort, wo lehmiger Boden ist, wird sie versuchen, bessere Bedingungen zu finden und kann so mehrere Hundert Meter kriechen. Bienenstände, die in lehmigen Gebieten sind, werden daher eher besser gegen den Käfer gewappnet sein, als solche in sandigen und feuchten Gebieten.

Massnahmen gegen den Käfer

Starke Bienenvölker

Gut besetzte Waben schrecken ab

Die Erfahrung in den USA hat gezeigt, dass der Käfer in starken Völkern, die die Brutwaben gut besetzen, wenig Chancen hat, eine bedrohlich schädigende Population zu erreichen. Die hier dicht beieinander stehenden Bienen werden den Käfer stören und ihn eventuell auch mit Propolis unschädlich machen. Die Bienen zeigen in solchen Fällen auch ein aggressiveres Verhalten gegenüber solchen Eindringlingen.

KLEINER BEUTENKÄFER

Pressing-Methode im Vorteil

Gerade im Hinblick auf diese Ausgangslage zeigt die Pressing-Methode deutliche Vorteile. Die Käfer werden am meisten durch die Brutzarge angelockt, da dort auch Protein vorhanden ist, das die Larven für die Entwicklung benötigen. Die Pressing-Methode kennt nur eine Brutzarge und diese wird möglichst dicht mit Bienen und Brut besetzt. Wenn auch noch der Schritt zu den kleinen Zellen vollzogen wurde, dann stimmt diese Aussage noch viel mehr. Der Käfer wird sich in solchen Völkern voraussichtlich wenig wohl fühlen, und er wird unschädlich gemacht oder sich nicht fortpflanzen können. Einzelne Käfer allein werden aber weder das Volk stark schädigen können noch die Honigvorräte zerstören. Diese Lage wurde mir auch persönlich von Imkern bestätigt, die in Arizona leben, wo der kleine Beutenkäfer schon einige Zeit auftritt.

Kein offenes Wabenmaterial

Honig und Pollen – ein Fressen für den Käfer

Offene Waben mit Honig und Pollen sind für den Käfer ein gefundenes Fressen. Hier stören keine lästigen Bienen die Fortpflanzung und Honig und Pollen und eventuell die Larvenhäutchen der geschlüpften Bienen bieten die idealen Lebensgrundlagen für die Brut des Käfers. Finden Käfer derart ideale Bedingungen, werden sofort Tausende von Eiern abgelegt, und die Ernte ist zerstört.

Es ist also sehr wichtig, dass die Honigzargen, wenn sie einmal geerntet sind, sofort geschleudert und nicht mehr zwischengelagert werden.

Vorteile des Systems Gettich

Auch hier zeigt das System von Gettich Vorteile. Durch die klare Trennung von Brut- und Honigzargen enthalten die Honigzargen kaum Eiweiße, da der Pollen in der Regel in der Nähe der Brut gelagert wird. Honigwaben sind für den Käfer nicht sehr interessant.

Zudem sieht das System vor, dass solange der Imker den Honig aus zeit- oder organisatorischen Gründen nicht weiterverarbeiten kann, die Honigzargen nicht abgeerntet werden, sondern nur neue auf das Bienenvolk aufgesetzt werden. Hier sind die

Drei Bienen betrachten den vor ihnen stehenden kleinen Beutenkäfer aufmerksam. Hier ist der Größenunterschied sehr gut sichtbar. Der kleine Beutenkäfer ist schon schwarz gefärbt.
(Photo: Prof. Dr. Gerald Kastberger, Institut für Zoologie, Universität Graz)

KLEINER BEUTENKÄFER

Eine erschreckende Vorstellung, man hätte eine solche Menge an Larven des kleinen Beutenkäfers in seinem Bienenstand. Jeder kann sich vorstellen, wie diese gefräßige Masse einen Bienenstock innerhalb kürzester Zeit zerstören kann.
(Photo: Prof. Dr. Gerald Kastberger, Institut für Zoologie, Universität Graz)

Zargen von den Bienen noch bewacht. Erst wenn sofort geschleudert werden kann, werden die Honigzargen geerntet und damit auch sofort dem Käferbefall entzogen.

FALLEN

Prinzip der Fallen

Wie bereits erwähnt, kann die Lichtscheue des Käfers für Fallen ausgenutzt werden. Am Beutenboden werden Schlitze angebracht, die zu wenig hoch sind, als dass Bienen durchschlüpfen können, die für den Käfer aber genügend hoch sind. Die Schlitze können also ca. 3 mm hoch sein. Wenn der Imker die Beute öffnet, dann werden sich die Käfer auf den Boden fallen lassen und die Dunkelheit suchen. Sie schlüpfen durch die Schlitze. Unter den Schlitzen wird eine kleine Wanne mit Salzwasser angebracht, wo die Käfer sofort ertrinken und damit unschädlich gemacht sind.

Varroa-Falle von Gettich hilft auch hier

Es ist verblüffend, wie Emanuel Gettich mit seiner Varroa-Falle bereits die Falle für den kleinen Beutenkäfer weitgehend vorweggenommen hat. Wird diese Falle eingesetzt, so fehlt nur die mit Flüssigkeit gefüllte Wanne, die anstatt des Varroa-Siebes eingesetzt werden könnte. Beuten, die mit diesen Fallen ausgerüstet sind, können daher rasch und ohne erhebliche Kosten umgerüstet werden, wenn der kleine Beutenkäfer tatsächlich Europa erreicht hat.

Stichwortverzeichnis

A

Ableger	33 ff., 45 ff., 52 ff., 61 ff., 70, 90, 94, 100 ff., 127
Ablegerbildung	33, 45, 49
Ablegerkasten	33, 35, 49
Absperrgitter	15 ff., 37 ff., 59 ff., 69, 88, 91
Aluminiumblech	26, 35, 59
Ameisensäure	129 ff.
Ätherische Öle	85, 103, 124 ff., 127
Auffütterung	23, 54, 89, 103, 127

B

Bananenschachtel	33 ff., 49, 56 ff., 93
Bau	17, 27 ff., 32, 91, 104, 109
Beute	11 ff., 16 ff., 26 ff., 56, 75, 81, 115, 123, 128, 135 ff., 140
Beutenkäfer	43, 65, 88, 132 ff., 137 ff.
Bienenflucht	24 ff., 43
Bienentotenfall	19
Bock	17 ff., 33, 43, 59
Boden	16 ff., 22 ff., 33 ff., 46, 59, 73, 76 ff., 81, 101, 106, 111, 124, 136 ff., 140
Brut	13 ff., 28 ff., 36 ff., 50 ff., 66 ff., 81 ff., 91 ff., 94, 112 ff., 123 ff., 136 ff.,
Brutnest	11 ff., 20 ff., 32, 38 ff., 49 ff., 61, 68 ff., 90, 111 ff.
Brutrahmen	21, 29 ff., 86
Brutraum	14, 21 ff., 31, 40, 52, 55, 81, 90, 119
Brutwabe	14, 26, 29 ff., 36, 41, 49 ff., 53, 65 ff., 81 ff., 92, 136
Brutzarge	13 ff., 20 ff., 27 ff., 37 ff., 48 ff., 67 ff., 81, 86 ff., 90 ff., 112, 124, 138

D

Dach	17, 25 ff., 35, 39 ff., 59, 74 ff., 109
Drähte	27 ff., 91, 106

E

Eigengewicht	31
Einengen	55

F

Falz	27 ff.
Fehlbau	89 ff., 112 ff.
Feuchtigkeit	25, 33 ff., 43 ff., 55 ff., 124
Feuchtigkeitsausgleich	25, 35, 55
Flächeneinheit	31, 85
Flugbrett	18 ff.
Flugfront	24, 117
Flugloch	16 ff., 24 ff., 34 ff., 46, 55 ff., 70 ff., 81, 111 ff., 128, 136
Flugöffnung	35
Folie	2, 25, 33 ff., 59 ff., 73 ff., 107
Futter	14 ff., 23 ff., 32, 36 ff., 45, 49 ff., 63 ff., 73, 80 ff., 89 ff., 101 ff., 125 ff.
Futterzarge	23 ff., 45

G

Gemüsekistchen	33
Gemüseproduzent	115
Gettich-Magazin	17
Gewicht	22, 31
Gleichgewicht	115, 131
Gussform	105

H

Halbzarge	22, 43
Honig	14 ff., 22, 30 ff., 41, 49, 54 ff., 63, 67, 80, 88, 103, 112 ff., 121 ff., 129 ff.
Honigraum	15, 20, 31 ff.
Honigwabe	22, 30 ff.
Honigwaben	18 ff., 30 ff., 43 ff., 59, 67, 88, 106 ff., 112 ff., 132 ff.
Honigzargen	15 ff., 22 ff., 30, 36, 40 ff., 48 ff., 55, 59, 69, 70, 88, 103, 139
Hygieneverhalten	61, 65 ff., 80

I

Isolation	20, 25, 35, 58, 80
Isolationsplatte	18, 21, 25, 26, 32
Isolationsrahmen	20
Isolationswabe	14, 20 ff., 31 ff., 38 ff., 51 ff., 53 ff., 119

K

Kleine Brutzellen	83 ff., 119
Kleiner Beutenkäfer	43, 65, 88, 132 ff., 137 ff.
Klima	17, 31 ff., 91, 97, 137
Königin	13 ff., 17 ff., 28 ff., 38 ff., 45 ff., 59 ff., 66 ff., 86 ff., 94, 99, 108, 114
Kübelfütterung	24

L

Lebensdauer	29 ff., 70
Legeplatzmangel	69 ff.

M

Magazin	15 ff., 33 ff., 46, 50 ff., 63, 100, 111
Maße	20, 26, 33, 83, 101, 106, 114
Material	21, 26, 32, 121
Mittelwand	27 ff., 53, 89 ff., 103, 110 ff.
Mittelwände	27 ff., 41, 53, 60 ff., 81 ff., 105 ff., 110 ff., 130
Monticola	97 ff.

N

Nadelprobe	66
Natur	31, 88 ff., 101, 112
Notizen	35, 61 ff.

O

Oxalsäure	129 ff.

P

Plastik	17, 60, 73 ff., 78
Plastikfolie	25, 33 ff., 59 ff., 78, 107
Position	7, 11, 108 ff.
Pressing-Methode	1, 11 ff., 29, 47 ff., 66 ff., 112, 124, 138
Puderzucker	120 ff.

Q

Querleisten	28, 30

R

Rahmen	13, 16, 21, 24, 27 ff., 38, 44, 53 ff., 59, 91
Rahmentyp	26, 30
Randwabe	20
Regenwasser	26
Resthonig	31, 45

S

Säure	129 ff.
Schleudern	29 ff., 44
Schwarm	18, 33, 47 ff., 63, 69 ff., 108
Scharmfang	73 ff.
Schwarmverhinderung	48 ff., 70
Skandinavisch Einwintern	59
Sonnenwende	20, 36 ff., 52 ff., 89 ff.
Stockklima	25

Styrodur	21, 32 ff.
Styroporplatte	17, 25, 58

T

Teppich	17 ff., 33, 46, 81
Tracht	14 ff., 30, 40 ff., 49 ff., 81, 112 ff., 119 ff., 129
Trennschied	20, 37, 38
Trockenheit	32

V

Varroa-Bekämpfung	64, 120, 125
Varroa-Milbe	11 ff., 19, 32 ff., 65 ff., 85 ff., 95, 117 ff.
Vaseline	24, 119 ff., 127 ff.

W

Wabe	11 ff., 26 ff., 43 ff., 50, 55 ff., 66, 80, 86 ff., 94, 99, 108 ff., 124, 138
Wabenlage	113
Wabenposition	7, 11, 108 ff.
Wabenrahmen	22, 28 ff., 49 ff., 55 ff., 70, 91, 110 ff., 127, 133
Wabentyp	26
Wachsguss	105
Wachskreislauf	103 ff.
Walze	105 ff.
Wanderung	19, 115 ff.
Wärme	14 ff., 25, 31 ff., 58, 78, 93
Wassergehalt	32
Weiselzellen	27, 47 ff., 62, 70, 109, 114
Winter	13 f., 19 f., 25, 35, 50 ff., 68, 89 ff., 101 ff.,123, 137
Winterfutter	14, 29, 54, 56
Wintervorrat	32, 52, 58

Z

Zanderbeute	17
Zandermaß	30, 69
Zanderwabe	26
Zarge	13 ff., 39 ff., 47, 52 ff., 59, 69, 86 ff., 114
Zargenwand	20, 31
Zeichnen	51
Zelle	66, 86, 92, 109 ff., 117
Zellgröße	28 ff., 84, 88
Zentrumswabe	108
Zitronensäure	57
Zucht	6, 11, 28, 61 ff., 85 ff., 96 ff.
Zwischenboden	16, 19, 24 ff., 43

141

Wir fertigen und liefern:

- **Universalmagazin**
  in Einheits-, Zander- und Breitwabenmaß
- **Kärntner Magazin**
  in Einheits- und Lüfteneggermaß
- **Steirisches Schulmagazin**
  in Einheits- und Zandermaß
- **Heroldmagazin**
  für Einheits- und Zandermaß geeignet
- **Kuntzsch-Magazin**
- **Ablegerkasten**
- **Rähmchen, Imkereibedarf**

Fordern Sie unverbindlich Prospekt und Preisliste an. Post- und Bahnversand!
www.sewol.at   sewol@aon.at
Werk: A-9132 Wildenstein/Kärnten
Tel. 0 42 21/22 25-0 • Fax 23006

Honigwein (MET), Saft, Wein und Fruchtweine selber machen. Honiglikör (Bärenfang) und Honigschaumwein sprudeln lassen.

Wir liefern Ihnen alles, was Sie dazu benötigen:

Wein-, Sekt- und Brennmaischhefen • Milchsäure • Hefenährstoff FERMQUICK • Antigeliermittel • ONEWE-SO2 • Schönungsmittel • Alkoholometer • Stand- und Meßzylinder • Gummistopfen und -kappen • Gäraufsätze • Verschließgeräte für Natur- und Kronkorken, Mostwaagen nach Oechsle • Refraktometer • Filtriergeräte • Filterschichten • reiner Weingeist 96 % • Likörkräuter • das VIERKA-Weinbuch und umfangreiche Fachliteratur.

VIERKA – Friedrich Sauer
Weinhefezuchtanstalt GmbH & Co.
Postfach 1328, D-97628 Bad Königshofen
Tel.: (Vorwahl D 0049) 0 97 61/91 88 0
Fax: (Vorwahl D 0049) 0 97 61/91 88 44
www.vierka.de • mail@vierka.de

Bitte Gratisinfo anfordern!

Paradies für Selbermacher
Nix gibt´s wås net gibt

... und das ist Ihr MET!

Ihre Zutaten:

- Honig, Bio-Honig, Wasser
- Muße und Freude am Produkt

Unser Zubehör:

- REINZUCHTHEFE in selektierten Stämmen (WYEAST, Eigenmarken ...)
- HEFENÄHRSALZ, Enzyme, Milchsäure, MS Kombisäure
- GÄRBEHÄLTER (Kunststoff, Glas), -AUFSÄTZE
- günstige EDELSTAHLBEHÄLTER (auch f. Honig), Eichenfässer, Glasballons
- Trichter, FILTER, ABFÜLLGERÄTE (Hobby & Profi)
- alle MESSGERÄTE (Refraktometer, Spindeln, Messzylinder, ph-Meter ...)
- alle Sorten KORKE, Verschließgeräte
- GESCHENKKARTONS, Honig- und Marmeladengläser, HOLZWOLLE
- Fachbibliothek & **günstiger FACHVERSAND !!!**

Gratiskatalog für Buchbesitzer Einfach anrufen!

www.holzeis.at

holzeis
Kellereibedarf Knopf GmbH
Gurkgasse 16 | 1140 Wien | Tel +43(0)1-982 62 40 | Fax +43(0)1-982 82 08 | e-mail info@holzeis.at

---

HÖDL Wachs — Mittelwände aus eigenem Bienenwachs sind wieder gefragt!

- Sie haben die Möglichkeit, bei der Verarbeitung Ihrer Altwaben und Ihres Rohwachses dabeizusein. – Tel. Voranmeldung unbedingt erforderlich!
- Garantiert seuchenfrei.
- Umtausch auf Mittelwände jederzeit möglich.
- Auf Wunsch jede Mittelwandstärke und Mittelwandgröße lieferbar.

HÖDL Post-Service — Wachsumarbeitung – frei Haus

- Senden Sie uns Ihr Wachs zur Umarbeitung auf Mittelwände – Porto für Hin- und Rücksendung bezahlen wir.

UND SO EINFACH WIRD ES GEMACHT:

- Wachs-Paket (max. 31,5 kg pro Paket) beim nächsten Postamt aufgeben – Porto bezahlt der Empfänger. (Nicht vergessen: Adresse, Maße für Mittelwandgröße.)
- Paket mit Mittelwänden – kommt per Post wieder frei Haus zurück.
- Sie bezahlen nur den Umarbeitungslohn.

HÖDL Versand

- Imkereiartikel von Graze, Puff, Fritz, Lega …
- Täglich Post- und Bahnversand
- Hervorragendes Preis-Leistungs-Verhältnis
- Bitte Katalog anfordern! – Gratis!

HÖDL Info

Deutsch Haseldorf 75,
A-8493 KLÖCH
Tel. (= Fax) 0 34 75/22 70
info@wachs-hoedl.at • www.wachs-hoedl.at

Honig-Mehler • Imkermeister
Anerkannter Ausbildungsbetrieb

Honig, Propolis, Bienenwachs und Gelée Royale.

Zusätzlich bieten wir an:
- Bienenköniginnen
- Kunstschwärme
- Blütenpollen
- Propolisprodukte
- Met
- Bärenfang
- Süßwaren
- Honigkosmetika

Honig-Mehler
Hauptstr. 4a • D-54552 Neichen/Daun
Tel.: +49 (0)2692/92 05-0 • Fax: +49 (0)2692/92 05 50
E-Mail: info@honig-mehler.de
www.honig-mehler.de

AUS UNSEREM PROGRAMM:

ISBN 3-7020-0920-5
Wolfgang Oberrisser

IMKEREIPRODUKTE
Verarbeitung von Honig, Pollen, Wachs & Co.

2. Auflage, 131 Seiten, 77 Farbabbildungen, Hardcover

Außer Honig liefert uns das Bienenvolk noch eine Vielzahl anderer Produkte, deren Heilkraft bekannt ist oder die in der Naturkosmetik Verwendung finden. Und auch aus dem Honig lassen sich viele Spezialitäten herstellen.
Das Buch informiert umfassend über die Gewinnung und Verarbeitung aller Bienenprodukte, ihre Heilwirkung und Verwendungsmöglichkeiten. Mit vielen Rezepten, die auch ein Nichtimker mit angekauften Rohstoffen umsetzen kann!

- Honig und Honigspezialitäten (Cremehonig, Mischungen mit Nüssen oder Fruchtcremen)
- Propolis und ihre Verarbeitung zu Creme, Balsam, Lösung u.s.w.
- Blütenpollen
- Bienenbrot
- Gelée Royale
- Bienenwachs
- Naturkosmetik mit Bienenprodukten (Öle, Cremes, Shampoos …) Honigliköre, -essig und Met

ISBN 3-7020-1105-6
Karl Stückler

MET
Honigweinbereitung – leicht gemacht!

3., überarbeitete Auflage, 108 Seiten, 50 Farb- und S/W-Fotos, zahlreiche Grafiken, Hardcover

Honigwein muß nicht süß sein, sondern kann ebenso trocken ausgebaut oder mit Gewürzbeigaben in die verschiedensten Geschmacksrichtungen gebracht werden.
Die sachgerechte Bewältigung des Gärvorganges zur Erzeugung eines geschmacklich einwandfreien Mets erfordert jedoch ein Mindestmaß an Sachkenntnissen, die kurzgefaßte Anleitungen oft nicht vermitteln können. Dieses Buch beschreibt daher die einzelnen Arbeitsschritte bis ins kleinste Detail – auch für den Einsteiger leicht nachvollziehbar – und weist auf häufige Gärfehler und deren Vermeidung hin.

Aus dem Inhalt:

- Kleine Metkunde
- Allgemeine Methodenbeschreibung
- Vorbereitungen für die Metererzeugung
- Gärvorbereitung und Gärführung
- Arbeiten nach der Gärung
- Metprotokoll
- Fehler und Krankheiten bei Met
- Analytische Kennwerte von Met
- Tips für die Vermarktung
- Gesetzliche Bestimmungen
- Metrezepte

Bestellen Sie unverbindlich und kostenlos unser Gesamtverzeichnis:
A-8011 Graz • Hofgasse 5 • Postfach 438 • Telefon (0 316) 82 16 36